ZEITSCHRIFT FÜR GEOMORPHOLOGIE

Annals of Geomorphology – Annales de Géomorphologie

Wiedergegründet von H. MORTENSEN, Göttingen – Herausgegeben von H. BREMER, Köln / A. CAILLEUX, Paris / K. M. CLAYTON, Norwich / R. W. FAIRBRIDGE, New York / R. GALON, Torun / H. HAGEDORN, Würzburg / J. HÖVERMANN, Göttingen / J. N. JENNINGS, Canberra / K. KAISER, Berlin / H. MENSCHING, Hamburg / A. PISSART, Liège / S. RUDBERG, Göteborg / O. SLAYMAKER, Vancouver / J. I. S. ZONNEVELD, Utrecht

Supplementband 47

Coastal and inland periglacial processes

Canadian Arctic

Edited by HORST HAGEDORN

With 37 figures, 52 photos and 10 tables

1983

GEBRÜDER BORNTRAEGER · BERLIN · STUTTGART

ISBN 3 443 21047 3 / ISSN 0044-2798

Printed in Germany by K. Triltsch, Würzburg

Contents

Preface

Hand in hand with the economic development of the Arctic considerable advances have been made in the fields of pure and applied periglacial research. Especially the qualitative and quantitative study of periglacial processes has gained momentum and has produced many new results. Compared to work on inland periglacial processes, the amount of work on coasts in the periglacial environment is rather modest, however.

The kind and rate of coastal changes, which are of particular interest, are the subject of the first three papers. HARRY, FRENCH & CLARK have studied the influence of permafrost on a coast that is intermediate between pack-ice dominated. High Arctic and southern storm wave environments. A remarkably close relationship was found to exist between cliff erosion and ground ice. Similarly, cliff retreat at the east coast of Hudson Bay, which has been studied by ALLARD & TREMBLAY, is heavily influenced by the periglacial processes of frost wedging and ground ice modified by lithology. The same authors offer interesting insights in the Holocene coastal development of Manitounuk Island, in the same study area, under periglacial conditions. They recorded considerable erosional and depositional changes during the mere 6,000 years of emergence of the island. Frequency variations in beach series are thought to reflect different climatic periods. All the three contributions present excellent examples of climatic geomorphic types of coastline, the worldwide study of which was initiated by H. VALENTIN.

The basic nature of the active layer in the permafrost regions of the world and the conditions governing it are discussed by JAHN & WALKER. Major characteristics are presented in a number of curves.

The reconstruction of the extent of former glaciations also depends on the unequivocal relationship between periglacial processes and certain landforms such as nunataks and tors. GANGLOFF shows that tors are not indicative of unglaciated areas. Even granulometric data are shown not to be conclusive. GANGLOFF's results call for a reassessment of the height and extent of ice cover in many regions.

The papers that are assembled in this volume, with their emphasis on coastal periglacial processes of the Canadian Arctic, bear further proof of the above-mentioned considerable progress in periglacial research, which has become so evident during this year's permafrost conference at Fairbanks, Alaska.

HORST HAGEDORN   Würzburg

| Z. Geomorph. N. F. | Suppl.-Bd. 47 | 1–26 | Berlin · Stuttgart | November 1983 |

Coastal conditions and processes, Sachs Harbour, Banks Island Western Canadian Arctic

by

D. G. Harry, H. M. French and M. J. Clark

with 9 figures, 7 photos and 4 tables

Zusammenfassung. Das Küstenmilieu im Südwesten der Banks-Insel nimmt eine Zwischenstellung zwischen dem hocharktischen Packeis- und dem südlichen Sturmwellen-Milieu ein. Geschwindigkeit und Muster der Küstenlinienentwicklung werden stark beeinflußt durch das Vorhandensein von Permafrost, die Dauer der jährlichen Eisfreiheit, und die Stärke und Häufigkeit von auf die Küste gerichteten Stürmen. Aktive Kliffs haben einen morphologischen Jahresgang. Die Abbruchvorgänge werden häufig durch die Menge und Verteilung von Bodeneis kontrolliert. Zwischen 1950 und 1979 betrug die jährliche Küstenrückverlegung örtlich über 2 m. Das mobilisierte Sediment wurde durch die Küstenströmung verfrachtet und baut Küstenformen, wie z. B. Nehrungshaken und Außensände auf. Die Befunde sprechen dafür, daß zwei Nehrungshaken bei Sachs Harbour zwischen 1950 und 1979 um 400 und 600 m verlängert worden sind. Die Annahme, daß der Sedimenttransport entlang arktischer Küsten ein sturmgesteuerter Prozeß sei, findet in der vorliegenden Studie ihre Bestätigung.

Summary. The coastal environment of southwest Banks Island is intermediate between pack ice-dominated High Arctic and southern storm wave environments. Rates and patterns of shoreline evolution are strongly influenced by the presence of permafrost, the duration of open water conditions, and the magnitude and frequency of onshore storm events. Actively eroding sea cliffs follow an annual morphological cycle. Cliff failure mechanisms are frequently controlled by the quantity and distribution of ground ice. During the period 1950–1979, coastal retreat at some localities exceeded $2.0 \text{ m} \cdot \text{yr}^{-1}$. Mobilized sediment is transported by littoral drift to form constructional shoreline features including spits and offshore bars. Evidence suggests that, between 1950 and 1979, two spits near Sachs Harbour prograded by 400 m and 600 m respectively. The assumption that sediment transport along arctic coasts is a storm-dominated process appears justified in the present study.

Résumé. Le milieu côtier dans le SO de l'île de Banks est partagé entre un pack de type haut-artique et des tempêtes de type méridional. Les patrons et vitesses d'évolution du rivage sont fortement influencés par la présence de pergélisol, la durée d'ouverture de la mer et la fréquence des tempêtes. Les falaises s'érodant rapidement ont un cycle annuel. Les mécanismes de rupture des falaises sont souvent contrôlés par la quantité et la distribution de la glace de sol. A certains endroits, entre 1950 et 1979, le recul du rivage a été supérieur à 2 m an^{-1}. Les sédiments ainsi

0044-2798/83/0047-0001 $ 6.50
© 1983 Gebrüder Borntraeger, D-1000 Berlin · D-7000 Stuttgart

mobilisé sont transportés par la dérive littorale et s'accumulent sous forme de flèches et de barres pré-littorales. On peut montrer que pendant cette même période, près de Sachs Harbour, deux flèches ont progressé de 400 et 600 m respectivement. L'hypothèse que le transport des sédiments le long des côtes arctiques est surtout le fait de l'action des tempêtes semble justifiée par cette étude.

Introduction

Most studies of coastal processes in the Canadian Arctic Islands have focused upon the characteristics of pack ice-dominated environments (e.g. MCCANN 1973; OWENS & MCCANN 1970; TAYLOR 1978; TAYLOR & MCCANN 1976). Within such areas, storm wave events are rare and shoreline evolution results primarily from direct interaction between pack ice and beach or cliff sediments. By contrast, the coastline of southwest Banks Island experiences a significant summer period of open water, with extensive ice-free fetch across Amundsen Gulf and the Beaufort Sea. Under these conditions, dynamic shoreline evolution is possible.

In comparable regions of the Yukon, Alaska and Siberia, thaw degradation of ice-rich permafrost cliffs, subject to wave attack during open water conditions, results in rapid coastal retreat (ARE 1978; GRIGOR'YEV 1976; HARPER 1978; HUME et al. 1972; LEWELLEN 1970; MACCARTHY 1953; MACKAY 1963). At the same time, mobilization of sediment provides a source for the development of constructional shoreline features, for example spits and bars (LEWIS & FORBES 1974; MCDONALD & LEWIS 1973).

Although several reconnaissance studies have been undertaken (MANNING 1954; MILES 1976, 1977; STEPHEN 1976), the coastal geomorphology of Banks Island has not yet been described in detail. The object of this paper, therefore, is to describe coastal conditions in the vicinity of Sachs Harbour (71°59′ N, 125°17′ W) and, in particular, to document the nature and rate of shore zone evolution in an area of ice-rich permafrost. Fieldwork was undertaken during the summers of 1979, 1980 and 1981, although periodic observations on coastal conditions have been made since 1972.

Regional setting

Banks Island lies in the Western Canadian Arctic, between latitudes 71° N and 75° N (fig. 1). The island lies entirely within the zone of continuous permafrost (BROWN 1978), and perennially frozen ground extends to depths in excess of 500 m (TAYLOR et al. 1982). Much of the coastline of southwest Banks Island is developed in unconsolidated sediments of Tertiary or Quaternary age (VINCENT 1979). Stratigraphic studies in the Sachs River lowlands indicate that these sediments are ice-rich (FRENCH, HARRY & CLARK 1982), with ground ice comprising as much as 60% of the upper 8.0 m of permafrost (HARRY 1982).

The area experiences a cold, arctic climate, with a mean annual air temperature of – 14.1 °C recorded at Sachs Harbour (MAXWELL 1980). Mean monthly temperatures fall below – 30 °C in winter and range from 2 °C to 6 °C during the summer thaw period, which extends from early-June to early-September.

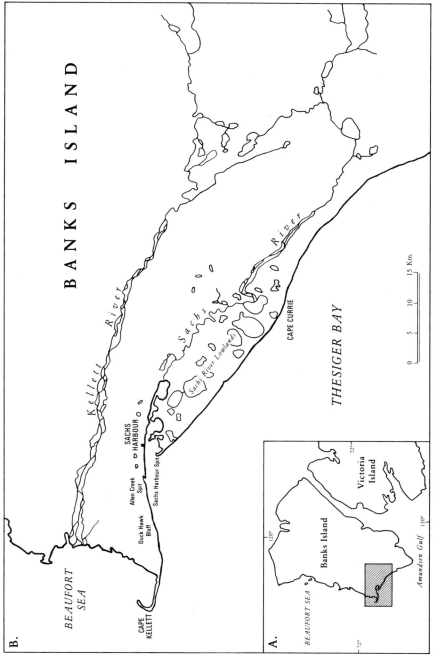

Fig. 1. Location map. (A) (Inset) Banks Island; (B) Sachs Harbour area, showing location of coastal features referred to in text.

The coastal environment

The coastal environment of southwest Banks Island is characterized by a short summer period of open water conditions, during which wave action is effective. The frequency and magnitude of onshore winds during this period determine wave climate and constitute the major factors controlling processes and patterns of coastal change.

Open water conditions are defined as occurring when the pack ice concentration is less than ¹/₁₀ (TAYLOR & MCCANN 1976). On this basis, open water conditions in Thesiger Bay prevail on average for 81 days, or approximately 22% of the year (table 1). The mid-July to late-September ice-free period may be considerably reduced in heavy pack ice years; for example, in 1964 the shoreline was only ice-free between August 28 and September 9. The longest open water season recorded is that of 1973, when ice-free conditions existed for 119 days, between June 26 and October 23.

Ice breakup in the eastern Beaufort Sea normally commences in early-June, with the development of a major lead off the west coast of Banks Island (DEY, MOORE & GREGORY 1979). Data recorded in the period 1959–74 (LINDSAY 1975, 1977) have been compiled in the form of maps showing median pack ice conditions (MARKHAM 1981). These may be used to illustrate the pattern of sea ice breakup and freezeup adjacent to southwest Banks Island (fig. 2).

In most years, an extensive area of open water develops to the south and southeast of Banks Island by late-July. In August and September, the ice limit is defined primarily by the margin of the permanent polar pack, which extends in an arc from northern Banks Island to north of Herschel Island. In October, growth of nilas (new ice) results in the progressive restriction of open water to an area south of Banks Island. However, shorefast ice normally develops by mid-October, effectively isolating the coastal zone from this influence.

Table 1.   Breakup and Freezeup Data, Thesiger Bay, 1956–1981 (After Allen 1964 and Station Records, D.O.T. Sachs Harbour)

	Earliest	Latest	Mean	Standard Deviation (Days)	Number of Years
First ice deterioration	May 04	July 08	June 10	17.4	21
Bay clear of ice	June 26	Aug. 28	July 12	13.3	22
First ice formation	Sept. 02	Oct. 23	Sept. 30	12.8	24
Complete ice cover	Sept. 27	Nov. 11	Oct. 18	14.1	24

Open Water Conditions	Minimum	Maximum	Mean	Standard Deviation (Days)	
Duration (days)	5	119	80.8	22.7	
% of year	1.4	32.6	22.1	–	

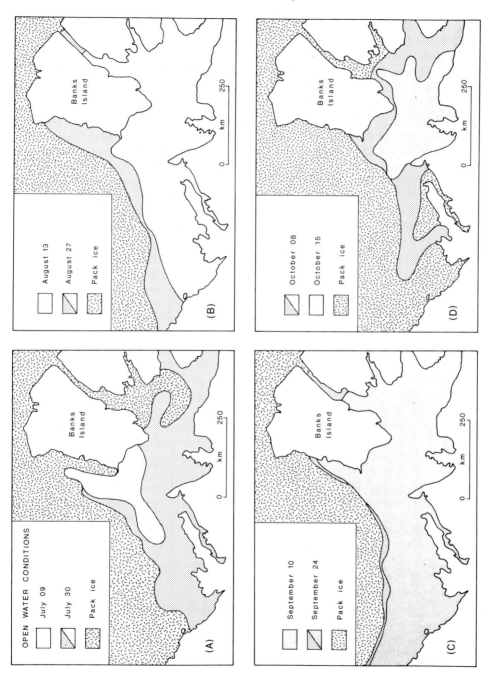

Fig. 2. Median open water conditions, Beaufort Sea-Amundsen Gulf, 1959–1974. (a) July (b) August (c) September (d) October. (After MARKHAM 1981).

During the open water season, the effectiveness of storms of given magnitude is determined by the ice-free fetch available for wave generation. Weekly ice observations in the period 1971–80 were analyzed to determine the frequency of ice-free fetch conditions by sector through the open water season (table 2). It should be noted that the western fetch is never ice-free, since it intersects the permanent polar pack. In this case, maximum fetch is assumed to exist when the pack ice limit lies 100 km or more west of Sachs Harbour. The frequency of ice-free fetch conditions to the southeast is 50% or greater from early-August to late-September. Maximum fetch conditions to the south and west tend to develop later in the season, reflecting the northwestward retreat of the pack ice limit. During the last two weeks of September, all sectors have a 50% or greater frequency of ice-free fetch conditions.

Annual data for the period 1955–1977 indicate that prevailing winds are from the southeast, with north and northwest winds forming an opposed sub-prevalent component. Of particular importance to the understanding of coastal dynamics is the wind regime during the period of open water. Directional wind data recorded during this period in 1971–77 display a bimodal frequency distribution, with 33.9% and 31.8% originating in opposed WNW-N and ESE-S quadrants respectively (table 3a).

It is necessary also to consider the frequency and direction of high-magnitude storm winds. Storm events are defined, following MCCANN (1972), as periods during which (a)

Table 2.   Occurrence of Ice-Free Fetch Conditions, Southwest Banks Island, 1971–1980 (Source: Weekly ice observations, Ice Climatology Environment Canada)

Period		% Occurrence of Open Water	% Occurrence of Ice-Free Fetch by Sector							
			SE	SSE	S	SSW	SW	WSW	W	ALL
June	17–23	–	–	–	–	–	–	–	–	–
	24–30	20	–	–	–	–	–	–	–	–
July	01–07	60	–	–	–	–	–	–	20	–
	08–14	60	–	–	–	–	–	–	20	–
	15–21	80	10	20	20	30	30	10	20	–
	22–28	80	30	50	40	30	30	10	20	10
	29–04	90	40	50	40	40	20	10	20	10
Aug.	05–11	80	50	40	40	30	30	10	20	10
	12–18	80	50	50	40	30	30	20	20	10
	19–25	80	60	70	50	40	40	30	30	20
	26–01	80	70	60	60	50	30	20	20	20
Sept.	02–08	80	60	70	70	60	50	40	30	10
	09–15	80	70	70	70	60	60	20	40	20
	16–22	100	80	80	60	70	60	60	50	50
	23–29	70	70	70	70	70	70	70	60	60
	30–06	60	60	60	60	50	40	30	30	30
Oct.	07–13	30	20	20	20	20	10	10	–	–
	14–20	30	30	30	10	10	–	10	–	–
	21–27	20	10	10	–	–	–	–	–	–
	28–03	–	–	–	–	–	–	–	–	–

Table 3. Wind Frequency, by Direction, Sachs Harbour, July–September 1971–1977 (Data derived from Station Daily Record, D.O.T. Sachs Harbour)

(a) All Winds

Sector	NNE	NE	ENE	E	ESE	SE	SSE	S	SSW	SW	WSW	W	WNW	NW	NNW	N	Calm
July	7.6	3.2	3.6	2.4	2.8	7.9	10.9	8.6	4.7	4.1	3.3	3.0	3.8	9.2	8.4	14.1	2.2
Aug.	6.1	3.6	4.4	2.8	6.3	10.0	8.9	6.4	2.8	2.8	4.1	3.7	6.2	9.7	9.7	10.3	2.2
Sept.	7.8	4.6	4.7	4.2	9.2	11.7	8.5	4.3	2.1	1.9	2.7	4.2	4.4	6.7	9.2	10.2	3.5
July–Sept.	7.2	3.8	4.2	3.1	6.1	9.9	9.4	6.4	3.2	2.9	3.4	3.6	4.8	8.5	9.1	11.5	2.6
Mean by Quadrant	18.3				31.8				13.1				33.9				2.6

(b) Storm Winds

Sector	NNE	NE	ENE	E	ESE	SE	SSE	S	SSW	SW	WSW	W	WNW	NW	NNW	N	% of Total
July	6.8	0.0	0.0	0.0	1.5	13.6	12.3	3.2	3.0	0.8	0.4	1.7	6.6	19.4	11.1	19.6	9.0
Aug.	3.4	1.4	1.4	1.2	3.0	15.7	7.1	2.6	2.0	1.6	5.9	5.3	12.4	15.1	13.1	8.8	17.0
Sept.	4.5	1.5	1.5	2.5	10.7	19.3	10.1	3.9	0.8	0.6	2.9	3.9	3.7	8.5	11.5	14.2	17.1
July–Sept.	4.6	1.1	1.1	1.5	5.7	16.7	9.4	3.2	1.8	1.5	3.6	4.0	7.8	13.4	12.0	13.2	14.4
Mean by Quadrant	8.3				35.0				10.9				46.4				

hourly wind speed is 20 knots (37 km/h) for at least three consecutive hours, (b) hourly wind does not fall below 20 knots (37 km/h) for more than two consecutive hours and, (c) wind direction does not vary by more than 90°. The threshold condition of a 20 knot (37 km/h) wind with a duration of three hours is sufficient to generate 1.0 m waves in a fetch-limited deepwater environment (United States Army C.E.R.C. 1973).

Wind directions during summer storm events also have a strongly bimodal frequency distribution, with 46.4% and 35.0% originating in the WNW-N and ESE-S quadrants respectively (table 3 b). On average, storm conditions prevail for 10–15% of the open water season. Storm occurrence is highest in September and least in July. The coastal environment is affected primarily by the action of onshore winds, from the SE-W sector. Onshore storm winds account for 40% of the total and prevail during approximately 5% of the open water season in Thesiger Bay.

The majority of summer storm events last less than 12 hours and have maximum wind speeds of less than 45 km/h. However, although storm events of longer duration account for less than 10% of the total, they are likely to be significant geomorphically as a result of their ability to generate large storm waves. The annual maximum summer storm for each year from 1971 to 1980 was identified on the basis of duration and kilometres of wind run, the latter providing an indication of storm magnitude (MCCANN 1972). These data were used to generate a storm frequency curve (fig. 3) from which the recurrence intervals, and thus geomorphic significance, of storm events observed between 1979–81 were determined.

Periods of maximum wave generation are likely to occur during storm events which coincide with the existence of ice-free fetch. These conditions are satisfied during less than 4% of the open water season and are most frequently associated with southeasterly storms (table 4). In the period 1971–77, no storms acted over a western fetch greater than 100 km and the long-term probability of such an event is less than 0.1%.

Table 4.   Frequency of Ice-Free Fetch and Onshore Storm Conditions, During the Open Water Season in Thesiger Bay 1971–1977 (Source: Weekly Ice Observations and Station Records, D.O.T. Sachs Harbour)

Sector	Ice-Free Fetch (km)	% Occurrence of Ice-Free Fetch Conditions	% Occurrence of Onshore Storm Winds	% Occurrence of Storm Winds and Ice-Free Fetch Conditions
SE	399	45.4	2.56	2.15
SSE	288	48.5	1.75	0.84
S	283	43.1	0.28	0.18
SSW	172	39.2	0.21	0.12
SW	328	34.6	0.25	0.09
WSW	541	23.1	0.40	0.19
W	100[1]	28.5	0.27	0.00
Total	–	–	5.71	3.57

[1] Assumed value

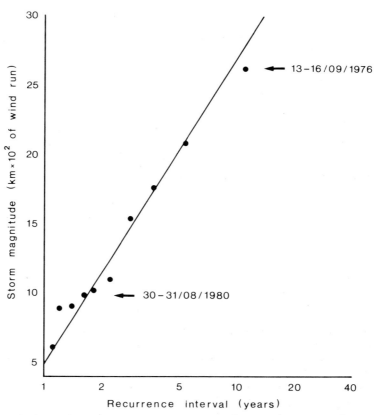

Fig. 3. Recurrence interval of annual maximum onshore storm event during open water conditions in Thesiger Bay, 1971–1980. The magnitude of a storm observed in August 1980 is shown in relation to that of the maximum storm during the ten year period of record. (Data derived from Station Records, D.O.T. Sachs Harbour).

Wave climate may be predicted using the model of Sverdrup, Munk and Bretschneider (United States Army C.E.R.C. 1973: 3–35). Wind records suggest that maximum fetch-limited waves are rarely generated, due to insufficient storm duration. However, of the 47 storm events with ice-free fetch recorded in the period 1971–77, approximately 40% have predicted significant wave heights greater than 2.0 m (fig. 4). The effect of storm waves may be enhanced if they occur in conjunction with a storm surge, during which water levels may rise appreciably (e.g. HENRY & HEAPS 1976; HUME & SCHALK 1967; REIMNITZ & MAURER 1979). Since this is a microtidal environment, with a mean tidal amplitude of only 0.1–0.2 m (Canadian Hydrographic Service 1979), storm surges may be of particular geomorphic significance.

Coastal processes were monitored directly during the periods June–August 1979, July–September 1980 and August 1981. The 1979 season may be strongly contrasted to the

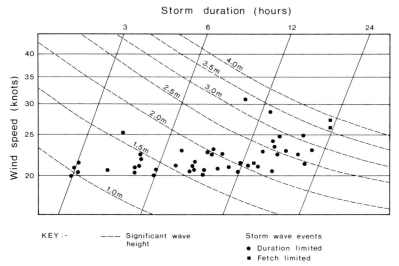

Fig. 4. Hindcast deep water wave climate during onshore storms associated with ice-free fetch conditions, 1971–1977. (Adapted from United States Army C.E.R.C., 1973).

1980 and 1981 seasons in terms of both ice conditions and wave climate. In 1979, ice-free fetch conditions did not develop in Amundsen Gulf until early-September. Although Sachs Harbour was ice-free from July 15, effective fetch was less than 50 km in all sectors and frequently less than 10 km. As a result, very low-energy wave conditions were observed, with wave heights less than 20 cm at all times.

By contrast, in 1980 pack ice in Sachs Harbour broke up by July 7 and ice-free fetch conditions existed in most sectors by mid-August. As a result, strong onshore winds between August 20 and September 4, acting over fetches of 200–400 km, were able to generate waves greater than 0.5 m in height. On August 31, 20–30 knot (37–55 km/h) SSW-W winds generated waves which attained heights of 1.0–1.5 m within the harbour. Two further high-magnitude storm events were monitored during ice-free fetch conditions in 1981. On August 17–18 and again on August 22–23, 20–25 knot (37–46 km/h) winds generated waves greater than 1.0 m in height. On the latter occasion, estimated wave height at the base of Cape Kellett exceeded 2.0 m, and a storm surge resulted in almost total inundation of Sachs Harbour spit. Analysis of 1971–1977 wind records suggests that these conditions are unexceptional, and probably have a return interval of 1–2 years.

Shoreline materials and morphology

Sea cliffs in the vicinity of Sachs Harbour are developed in poorly consolidated and frequently ice-rich permafrost sediments of late-Quaternary age. Cliff height rarely exceeds 6.0 m to 8.0 m (fig. 5). Coastal profiles, measured in August 1979, indicate a close

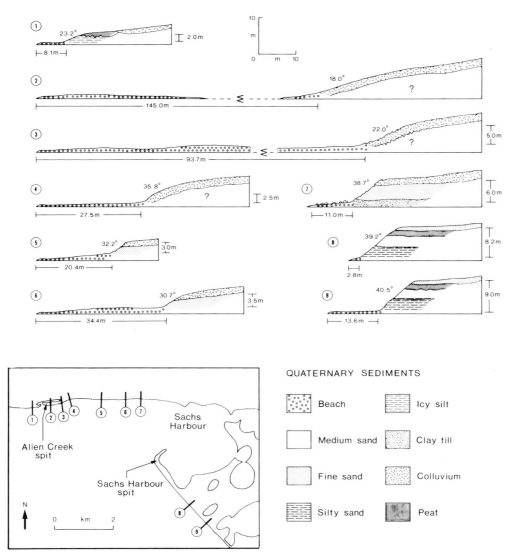

Fig. 5. Coastal profiles in the vicinity of Sachs Harbour, showing generalized Quaternary stratigraphy. (A) – Location of profiles; (B) Beach and cliff profiles surveyed August 1–4, 1979.

relationship between cliff and beach morphology. Cliff morphology is also closely related to lithology. For example, cliffs developed in ice-rich organic silts and peat are subject to frequent slumps and flows. Thus cliff angle is frequently low, despite periodic rapid erosion (fig. 5, profile 1). West of Sachs Harbour, the beach is mantled by exhumed igneous erratics which are derived from a basal till exposed near the cliff-foot. The narrow beach zone is backed by steep, actively eroding cliffs (fig. 5, profile 7). By contrast, the beach zone immediately to the west is considerably wider and is backed by low, degraded cliffs, consisting primarily of colluvium (fig. 5, profile 6). Southeast of Sachs Harbour, cliffs are developed in fine-medium sand, the rapid erosion of which provides a major source for beach and spit nourishment (fig. 5, profiles 8 and 9).

Patterns and processes of coastal erosion

The spatial pattern and rate of coastal recession in the vicinity of Sachs Harbour was investigated by comparison of air photo coverage dated 1950, 1962, and 1972, and by field survey in the period 1979–81. Morphological evidence of rapid coastal erosion is provided by the occurrence of numerous truncated thaw lakes and absence of cliff-foot debris accumulation. Particularly high rates of cliff recession have occurred in the area immediately west of Allen Creek. Detailed analysis of coastal change in this area is facilitated by the availability of 1972 air photo coverage at a scale of 1 : 7,600. An accurate record of coastal recession since this date may be determined with reference to the erosion of ice-wedge polygons (fig. 6). Between 1972 and 1979, the coastline has receded by up to 35 m (i.e. over 4.0 m · yr^{-1}) and two small thaw lake basins have been drained and truncated.

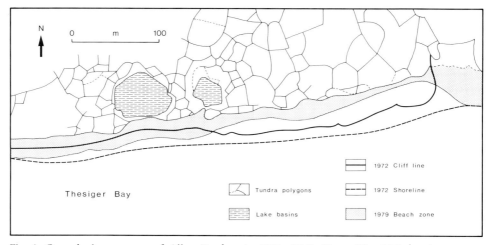

Fig. 6. Coastal change west of Allen Creek spit, 1972–1979. Note: The 1979 beach zone was surveyed August 14, 1979; the 1972 cliff and shoreline are as shown on air photos A 22953–145, 146, dated August 4, 1972.

Wave erosion of sea cliffs is achieved primarily during storm events, through the hydraulic pressure exerted by wave impact and by the abrasive action of entrained sediment. Processes and rates of cliff degradation are thus normally related to the structure and lithology of cliff materials, and to the frequency and magnitude of storm-wave attack. In permafrost regions, sediment cohesiveness is partly a function of temperature, since frozen ice-bonded sediments possess a strength many times that of similar materials in an unfrozen state. As a result, it seems likely that actively eroding arctic sea cliffs follow an annual temperature-related morphological cycle. A further constraint on this cycle is provided by the seasonal regime of pack ice-limited wave action.

In winter and early-spring, cliff materials are frozen and almost inactive. The onset of thaw may be retarded by the presence of an insulating snow ramp, formed by winter snowdrifts extending upwards from the beach. As the upper section of cliff thaws, mobilized sediment is transported onto the snow ramp and, in some cases, may flow across the ice-foot covering the beach. This material may then protect part of the beach ice and snowcover from thaw.

As summer progresses, the thawing front penetrates further into the cliff face, releasing ice-bonded sediment which accumulates as a talus apron at the cliff foot. This process continues until an equilibrium profile is developed, related to the angle of repose of cliff sediments and the thickness of slumped debris required to protect the cliff from further thaw. Observations suggest that most of the slumped debris is removed during late-season storms, so that actively eroding cliffs probably attain their steepest profile just prior to freezeup.

Cliffs developed in ice-rich sediments may degrade very rapidly by a number of failure mechanisms, including flows, slides and falls (McRoberts & Morgenstern 1973,

Photo 1. Ground ice slumps in ice-rich silt, approximately 20 km southeast of Sachs Harbour. Note debris flow across the talus slope to the beach zone. Photographed August 6, 1980.

Photo 2. Cliff failure by block detachment along ice wedges oriented parallel to the cliffline, 4 km west of Sachs Harbour. Photographed July 8, 1976.

Photo 3. Thermo-erosional niche developed beneath cliffs, 4 km west of Sachs Harbour. The niche undercuts cliffs by up to 5.0 m at this locality. Photographed August 7, 1980.

Photo 4. Destruction of a tundra polygon, located 4 km west of Sachs Harbour, by storm wave attack in August 1981. (a) Failure of polygon along a shore-parallel ice wedge, following undercutting during the storm of August 18, 1981. Photographed August 19, 1981. (b) Destruction of polygon by wave attack, during the storm of August 22, 1981.

1974). These processes can supply large quantities of sediment to the beach system (Photo 1). In many areas, the surficial 20–30 cm layer of cliff material is bound by a vegetal mat and, when undercut, fails in coherent blocks up to 1.0 m in diameter which slide down the debris slope to the beach. Where massive ground ice or very icy sediment occurs, the cliff face may form a low-friction surface across which detached blocks readily move.

In many areas, cliff degradation is controlled by ice-wedge distribution (e.g. WALKER & ARNBORG 1966). Where ice wedges are oriented normal to the coast, preferential thaw results in the formation of a crenulated cliff-line. Ice wedges oriented parallel to the coast act as natural lines of weakness and facilitate cliff failure by block detachment (Photo 2). During high-magnitude storm events, thermal erosion at the cliff foot may form a thermo-erosional niche extending up to 5 m beneath the cliff (Photo 3). If the niche intersects a shore-parallel ice wedge, massive cliff failure may occur during a single storm event. For example in 1981, failure of a polygonal block during the storm of August 18 was followed by its complete destruction on August 22 (Photo 4 a, b).

Considerable volumes of sediment may be entrained during storm events. For example, during the storms of August 31, 1980 and August 18, 1981, the debris rampart along the coast of the Sachs River lowlands was completely removed. Assuming a mean cliff height of 8.0 m and a cliff angle of 40°, this represents a loss of approximately $3.8 \times 10^4 \, m^3$ of sediment per kilometre of cliff in the space of 1–2 days. Following both storms, the newly-formed cliff face was either vertical or overhanging by up to 2.0 m (Photo 5).

Photo 5. Near-vertical cliff profile developed following removal of unfrozen talus during the storm of August 31, 1980. Massive cliff failure undermined the navigation beacon which has subsequently fallen to the beach. Photographed September 1, 1980.

Development of depositional landforms

Depositional features are characteristic of arctic coasts developed in ice-rich unconsolidated sediment and subject to a significant period of open water conditions. Offshore bars and spits, which typify extensive areas of the Yukon and northern Alaskan coastal plains, also commonly occur on the west coast of Banks Island. For example, approximately 15 km west of Sachs Harbour, Cape Kellett spit forms one of the largest depositional coastal landforms in the western arctic.

Although the coastal zone adjacent to Sachs Harbour is classified as primarily wave-erosional (Beak Consultants Ltd. 1978), areas exist where depositional processes clearly dominate, partly as a result of the shelter afforded by the Sachs River estuary. Two major depositional features have developed, referred to in this paper as the Sachs Harbour spit and Allen Creek spit (fig. 1). The evolution of these features provides useful data regarding rates of coastal change.

The feature southeast of Sachs Harbour consists of a recurved sand spit with a 1.6 km linear trunk and a single 0.7 km hook (Photo 6). The trunk axis is oriented northwest–southeast, parallel to the coastline of the Sachs River lowlands. The spit is asymmetric in cross-profile and the main ridge crest lies close to the southern shoreline. This zone is characterized by a clean, dry sand surface, while central and northern areas of the spit surface consist of organic silt and a remnant, wave-washed vegetal mat.

A survey of the superaqueous portion of the spit was undertaken in July 1979, and further topographic information was derived from air photo coverage dated 1950, 1958 and 1961. These data indicate that the present simplicity of form conceals a considerably more complex developmental history (fig. 7). The 1950 outline shows not only a major northward displacement of the main trunk's central portion, but also evidence of a

Photo 6. Oblique air view of Sachs Harbour spit. Photographed July 16, 1972.

Photo 7. Oblique air view of Allen Creek spit, August 6, 1980. Note beach recovery to a smooth plan outline, following breaching in 1976 or 1977.

complete breach 30–40 m in width. The concave indentation thus formed on the spit's southward margin had an area of over 50,000 m², yet had been completely infilled by 1958. A crude estimate of the quantity of material involved may be calculated using an empirical relationship between beach area and sediment volume (U.S. Army C.E.R.C. 1973: 5–8). This suggests that a 0.09 m² increase in beach area is equivalent to a 0.76 m³ gain in sediment volume. If this assumption is valid, it is likely that approximately 4.6×10^5 m³ of material was emplaced between 1950 and 1958, a net gain of 5.7×10^4 m³ · yr^{-1} above sea level.

A temporary shoreline indentation of this type forms a very efficient sediment trap within the littoral drift system. Thus the overall rate of spit growth probably offers a more representative indication of sediment accumulation rate. Between 1950 and 1979 the distal end of the spit prograded approximately 400 m, reflecting an annual areal increase of almost 2.5×10^3 m². This suggests an annual distal sediment gain of 2.1×10^4 m³, despite the fact that breach infilling was also in progress at the beginning of this period. If similar growth rates have prevailed in the past, then the entire superaqueous portion of the spit could have been deposited in a period estimated at between 70 and 230 years, depending on the time period selected for rate calculation, with a mean age estimate of 135 years.

The Allen Creek spit extends for approximately 1.5 km parallel to the coastline west of Sachs Harbour, and encloses a small lagoon. The spit is constructed primarily from sand, although medium-coarse gravel is also present. Analysis of sequential air photo coverage suggests that, between 1950 and 1972, the primary morphological change consisted of eastward progradation of the spit (fig. 8). Successive stages in distal extension may be correlated to clearly defined ridges, mapped in July 1979. Distal extension since 1950 exceeds 600 m, representing an annual foreshore growth of 3.3×10^3 m³, in close

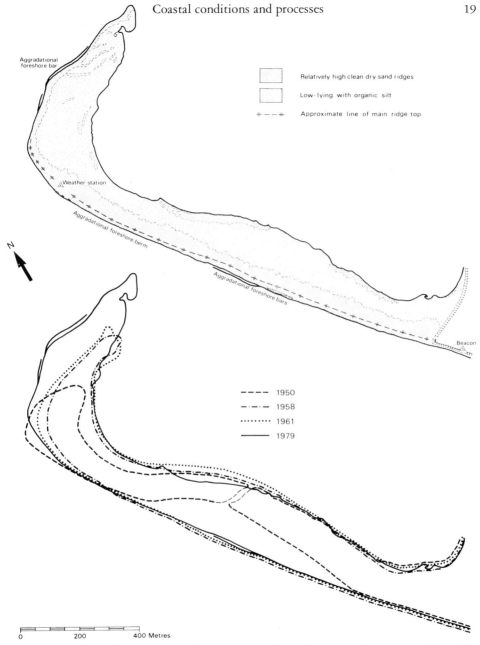

Relatively high clean dry sand ridges

Low-lying with organic silt

Approximate line of main ridge top

1950
1958
1961
1979

0   200   400 Metres

Fig. 7. Topography and sequential development of Sachs Harbour spit, 1950–1979. Note: Map derived from air photo coverage dated 1950, 1958 and 1961, and from ground survey July 29–30, 1979.

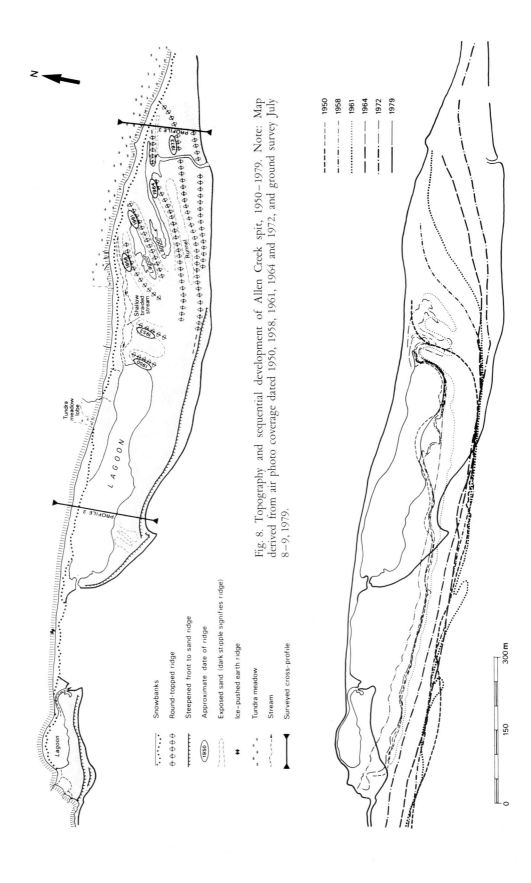

Fig. 8. Topography and sequential development of Allen Creek spit, 1950–1979. Note: Map derived from air photo coverage dated 1950, 1958, 1961, 1964 and 1972, and ground survey July 8–9, 1979.

Snowbanks

Round-topped ridge

Steepened front to sand ridge

Approximate date of ridge

Exposed sand (dark stipple signifies ridge)

Ice-pushed earth ridge

Tundra meadow

Stream

Surveyed cross-profile

1950
1958
1961
1964
1972
1979

0   150   300 m

accord with the equivalent rate calculated for the Sachs Harbour spit. Growth rates of this order suggest a total growth period of between 30 and 70 years for the Allen Creek spit, with a mean age estimate of 45 years.

The development of this spit was interrupted by a major breach, which was first noticed in early-July 1978. The breach represents a loss in area of approximately $5.5 \times 10^4 \, m^2$, equivalent to about $4.6 \times 10^5 \, m^3$ of sediment. The rates of distal accretion prevailing on this spit indicate that such a breach could be healed within 6–10 years. This is confirmed by the substantial morphological adjustment observed between July 1978 and August 1982. Beach recovery in the breach zone has resulted in the development of a smoothly concave beach plan (Photo 7).

The breach probably formed by wave action during a late-season storm in 1976. Analysis of pack ice and wind records indicates that two major onshore storm events occurred in association with ice-free fetch conditions, on September 13–16 and September 21–22, 1976. These represent the highest magnitude storms in the 10 year period of record, in terms of both duration and kilometres of wind run (see fig. 3). They are also associated with the largest hindcast deepwater waves, in excess of 3.5 m (see fig. 4). These events may be compared to the storm of August 30–31, 1980. On that occasion, 1.0–1.5 m waves were generated which over-washed the spit, eroding shallow channels through the main trunk. However, overall structural damage was slight, suggesting that major spit modification occurs only during extremely high magnitude, low frequency storm events.

Current circulation and inferred sediment transport

The juxtapositioning of areas characterized by rapid cliff erosion and areas of spit and bar development indicates the importance of longshore sediment drift within this coastal system. Nearshore current circulation was investigated in detail between 1979 and 1981, as a preliminary stage in the development of a sediment transport model. Direct tracing of marked sediment samples was rejected in favour of an indirect approach utilizing Woodhead seabed drifters, a technique widely used in Europe for reconnaissance coastal surveys (PHILLIPS 1970). A preliminary report on the application of this technique to southwest Banks Island has already been published (CLARK, FRENCH & HARRY 1982).

Batches of 25–100 drifters were released at locations indicated on fig. 16. In 1979, samples A and B were released into holes drilled through the pack ice on July 5, ten days prior to break up, while samples C and D were released into a shore lead five days later. The remaining 1979 samples (E–P) were dropped by boat on July 28, after ice breakup was complete. On August 6, 1981, two further samples (R and S) were released in Thesiger Bay, approximately 1.0 km off Cape Currie and Duck Hawk Bluff.

By plotting the beach locations at which drifters became stranded, it is possible to infer the pattern and minimum rate of residual seabed currents, under the wind and wave conditions which prevailed between release and recovery. Preliminary results indicate a close relationship between current circulation and nearshore bathymetry (fig. 9).

The primary element of the inferred sediment transport system consists of movement northwestwards along the coast of the Sachs River lowlands and then westwards to Cape Kellett. The highest transport rate calculated within this zone is for a type F drifter, which moved 24 km from east of Allen Creek to Cape Kellett at an average rate of nearly

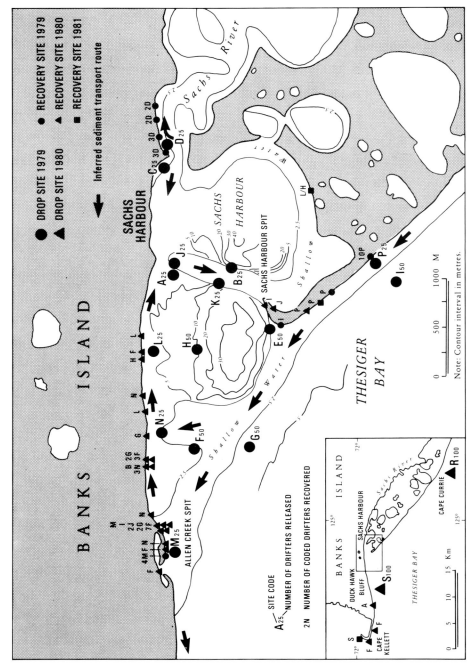

Fig. 9. Release and recovery locations for seabed drifter samples, 1979–1981. Bathymetric data after Canadian Hydrographic Service (1972).

$200 \text{ m} \cdot \text{day}^{-1}$. This figure is in close accord with that for a type S drifter which moved 17 km from Duck Hawk Bluff to Cape Kellett at an average rate of $150 \text{ m} \cdot \text{day}^{-1}$. Minimum transport rates within the bay are lower, in the range $0-50 \text{ m} \cdot \text{day}^{-1}$; for example, the type I drifter which crossed between the two spits moved at a minimum average rate of $40 \text{ m} \cdot \text{day}^{-1}$.

This model suggests that the sand cliffs of the Sachs River lowlands form the main source for the Sachs Harbour spit. Movement of samples I and P indicates that normal littoral drift operates on the trunk and recurve of the spit, which acts as a major sediment 'sink'. The sediment source for Allen Creek spit is less readily apparent; however, recovery of a type I drifter at this location indicates that much of it may move across the shallow water 'bridge' from the Sachs River lowlands. This zone is well within the depth range at which seabed disturbance could be produced by predicted storm waves and thus may be expected to function as a sediment transport route. Material may also be contributed by the rapidly receding cliffs west of the spit.

East of Allen Creek, a bifurcation in the transport route across the bay is resulting in deposition of a lobe of sediment, which extends northwards from the shallow water bridge (see fig. 9). Air photographs show that this lobe does not reach the shore; however, the movement of type G and N drifters across the intervening channel suggests that sediment movement is also possible. Continued westward drift beyond Allen Creek is indicated by recovery of type A, F and S drifters at Duck Hawk Bluff and Cape Kellett. This suggests that sediment yielded by sand and gravel cliffs in the vicinity of Duck Hawk Bluff forms the primary source for Cape Kellett spit.

A number of problems are inherent in the interpretation of nearshore current circulation from the results of drifter surveys. In particular, it should be noted that the present model is based on drifter recovery rates of only 10–15%. Poor recovery is a function of the low frequency of beach monitoring, rapid attrition of drifters by winter pack ice movement, and low energy coastal conditions in which many drifters are lost to offshore sinks. Nevertheless, the convergent evidence of drifter movement, nearshore bathymetry and coastal morphology suggest that this model represents a good first approximation of actual sediment transport conditions.

Conclusions

Observations of coastal environments in the vicinity of Sachs Harbour suggest that rates and patterns of coastal change are controlled by (1) the duration of open water, (2) the frequency and magnitude of storm conditions and (3) the unconsolidated and ice-rich nature of shoreline materials. Southwest Banks Island appears to be intermediate between southern storm wave environments and High Arctic ice-dominated environments. Storm wave generation in the latter area is considerably restricted by heavy pack ice conditions and limited inter-island fetch during brief periods of open water.

The closest analogue to southwest Banks Island is provided by the Beaufort Sea coast of the Yukon Territory. Similarities in sea ice conditions, storm wave generation and shoreline materials results in a general equivalency of coastal processes and morphology. Both areas have experienced rapid erosion of ice-rich coastal cliffs, while longshore sediment drift is responsible for hundreds of metres of spit extension during the period of record.

A major problem in arctic coastal analysis is related to the importance attached to low-frequency, high-magnitude storm events (e.g. HUME & SCHALK 1967; MCCANN 1972; REIMNITZ & MAURER 1979). In Arctic regions the predominance of ice-limited fetch conditions has led many researchers to characterize these shorelines as low-energy environments. On southwest Banks Island, rapid coastal erosion and dynamic growth of depositional features suggest that this classification may be inappropriate.

Acknowledgements

Geomorphological and permafrost investigations on Banks Island are being supported by Natural Sciences and Engineering Research Council (NSERC) Grant A-8367 (HMF), the Polar Continental Shelf Project, Department of Energy, Mines and Resources (Project 34–73), and the University of Ottawa Northern Research Group. One of us (MJC) acknowledges leave from the University of Southampton to participate in the 1979 field season.

Boat transportation was provided by WALLACE LUCAS and DAVID NASOGALUAK of Sachs Harbour. ANN BAKER, JOANNE LALONDE and WAYNE POLLARD, University of Ottawa, provided valuable assistance with ground surveys and drifter studies in 1979 and 1980. Comments on an earlier draft of the manuscript were made by S. B. MCCANN (McMaster University) and W. STEPHENS (Pan Ocean Oils Ltd.).

References

ALLEN, W. T. R. (1964): Break-up and freeze-up dates in Canada. – Ottawa, Dept. of Transport, Meteorol. Branch, 201 p.

ARE, F. (1978): The reworking of shorelines in the permafrost zone. – In: Permafrost: U.S.S.R. Contribution, Second International Conference, Yakutsk, U.S.S.R. – Washington: N.A.S., pp. 59–62.

Beak Consultants Ltd. (1978): The coast of Banks Island, N.W.T. Beach processes and sediment characteristics. – Rep. prepared for the Geol. Survey of Canada, Ottawa, 85 p.

BROWN, R. J. E. (1978): Permafrost. – In: Hydrological Atlas of Canada (Plate 32). – Canadian Nat. Committee for the Internat. Hydrol. Decade; Ottawa, Ministry of Supply and Services.

Canadian Hydrographic Service (1972): Harbours and beaches in Amundsen Gulf, Chart 7630 (1 : 25,000 scale).

Canadian Hydrographic Service (1979): Canadian Tide and Current Tables, Volume 4, Arctic and Hudsons Bay. – Ottawa, Environment Canada, 59 p.

CLARK, M. J., FRENCH, H. M. & HARRY, D. G. (1982): Reconnaissance techniques for the estimation of Arctic coastal budget and processes. – In M. W. CLARK (ed.): Reconnaissance techniques in geomorphology. – B.G.R.G. Publication, Geobooks, Norwich, U.K. (in press).

DEY, B., MOORE, H. & GREGORY, A. F. (1979): Monitoring and mapping sea-ice breakup and freezeup of Arctic Canada from satellite imagery. – Arctic and Alpine Research, 11: 229–242.

FRENCH, H. M., HARRY, D. G. & CLARK, M. J. (1982): Ground ice stratigraphy and late-Quaternary events, southwest Banks Island, Canadian Arctic. – In FRENCH, H. M. (ed.): The R. J. E. Brown Memorial Volume, Proceedings, Fourth Canadian Permafrost Conference. – Ottawa, Nat. Res. Council of Canada, pp. 81–90.

GRIGOR'YEV, N. F. (1976): Perennially frozen rocks of the coastal zone of Yakutia. – United States Army, Cold Regions Res. and Eng. Lab., Draft Transl., **512**, 192 p.

HARPER, J. R. (1978): Coastal erosion rates along the Chukchi Sea coast near Barrow, Alaska. – Arctic, **31**: 428–434.

HARRY, D. G. (1982): Aspects of the permafrost geomorphology of southwest Banks Island, Western Canadian Arctic. Unpubl. Ph. D. Thesis, Dept. of Geogr., Univ. of Ottawa, 230 p.

HENRY, R. F. & HEAPS, N. S. (1976): Storm surges in the southern Beaufort Sea. – J. of the Fisheries Res. Board of Canada, **33**: 2362–2376.

HUME, J. D. & SCHALK, M. (1967): Shoreline processes near Barrow, Alaska: A comparison of the normal and the catastrophic. – Arctic, **25**: 272–279.

LEWELLEN, R. I. (1970): Permafrost erosion along the Beaufort Sea coast. – Publ. by author, 25 p.

LEWIS, C. P. & FORBES, D. L. (1974): Sediments and sedimentary processes, Yukon Beaufort Sea Coast. – Environmental-Soc. Committee, Northern Pipelines, Task Force on Northern Oil Develop. Rep., 74–29. Ottawa, Dept. of Indian Affairs and Northern Develop., 40 p.

LINDSAY, D. G. (1975): Sea Ice Atlas of Arctic Canada, 1961–1968. – Ottawa, Polar Continental Shelf Project, Dept. of Energy, Mines and Resources, 213 p.

  – (1977): Sea Ice Atlas of Arctic Canada, 1969–1974. – Ottawa, Polar Continental Shelf Project, Dept. of Energy, Mines and Resources, 219 p.

MACCARTHY, G. R. (1953): Recent changes in the shoreline near Point Barrow, Alaska. – Arctic, **6**: 44–51.

MACKAY, J. R. (1963): Notes on the shoreline recession along the coast of the Yukon Territory. – Arctic, **16**: 195–197.

MANNING, T. H. (1954): The coasts of Banks Island. – Ottawa, Defence Research Board, unpubl. manuscr., 437 p.

MARKHAM, W. E. (1981): Ice Atlas, Canadian Arctic Waterways. – Ottawa, Atmospheric Environment Service, Environment Canada, 198 p.

MAXWELL, J. B. (1980): The climate of the Canadian Arctic Islands and adjacent waters, Vol. 1. – Ottawa, Atmospheric Environment Service, Environment Canada, 531 p.

MCCANN, S. B. (1972): Magnitude and frequency of processes operating on Arctic beaches, Queen Elizabeth Islands, N.W.T., Canada. – In ADAMS, P. W. & HELLEINER, F. (eds.): International Geography. – Toronto, University of Toronto Press, **1**: 41–43.

MCCANN, S. B. (1973): Beach processes in an Arctic environment. – In COATES, D. R. (ed.): Coastal Geomorphology. – Binghampton, State University of New York, pp. 141–155.

MCDONALD, B. C. & LEWIS, C. P. (1973): Geomorphic and sedimentologic processes of rivers and coast, Yukon coastal plain. – Environmental-Social Committee, Northern Pipelines Task Force on Northern Oil Develop. Rep., 73–39. Ottawa, Dept. of Indian Affairs and Northern Develop., 245 p.

MCROBERTS, E. C. & MORGENSTERN, N. R. (1973): Landslides in the vicinity of the Mackenzie River, Mile 205 to 660. – Environmental-Social Committee, Northern Pipelines Task Force on Northern Oil Develop. Rep., 73–35. Ottawa, Dept. of Indian Affairs and Northern Develop., 96 p.

  – – (1974): The stability of thawing slopes. – Canadian Geotech. Jour., **11**: 447–469.

MILES, N. J. (1976): An investigation of riverbank and coastal erosion, Banks Island, District of Franklin. – Geol. Survey of Canada Paper, 76–1: pp. 195–200.

  – (1977): Coastal and riverbank stability on Banks Island, N.W.T. – In: Proceedings, Third Nat. Hydrotech. Conf., Canadian Soc. of Civil Eng., pp. 972–991.

OWENS, E. H. & MCCANN, S. B. (1970): The role of ice in the Arctic beach environment with special reference to Cape Ricketts, southwest Devon Island, N.W.T., Canada. – American Jour. of Sci., **268**: 397–414.

PHILLIPS, A. W. (1970): The use of the Woodhead seabed drifter. – Techn. Bull. No. 4, British Geomorph. Res. Group., 29 p.

REIMNITZ, E. & MAURER, D. K. (1979): Effects of storm surges on the Beaufort Sea Coast, Northern Alaska. – Arctic, **32**: 329–344.

STEPHEN, W. J. (1976): A reconnaissance study of the coastal processes on Banks Island, District of
    Franklin. – Geol. Survey of Canada Paper, 76–1: 271–272.
TAYLOR, A. E., BURGESS, M., JUDGE, A. S. & ALLEN, V. S. (1982): Canadian Geothermal Data
    Collection – Northern Wells, 1981. – Geothermal Ser., Nr. 13. Ottawa, Earth Physics Branch,
    Dept. of Energy, Mines and Resources, 289 p.
TAYLOR, R. B. (1978): The occurrence of grounded ice ridges and shore ice piling along the
    northern coast of Somerset Island, N.W.T. – Arctic, 31: 133–149.
TAYLOR, R. B. & McCANN, S. B. (1976): The effect of sea and nearshore ice on coastal processes in
    the Canadian Arctic Archipelago. – Rev. de geogr. de Montreal, 30: 123–132.
United States Army, Coastal Engineering Research Center (1973): Shore protection manual,
    Volumes I and II. – Washington, Corps of Engineers, Dept. of the Army, 496 p. and 523 p.
VINCENT, J.-S. (1979): Surficial geology of Banks Island, District of Franklin, N.W.T. – Geol.
    Survey of Canada, Maps 16–1979, 17–1979 (Scale 1 : 250,000).
WALKER, H. J. & ARNBORG, L. (1966): Permafrost and ice wedge effect on riverbank erosion. – In:
    Proceedings of the First Intern. Permafrost Conference. – Washington and Ottawa, N.A.S. –
    N.R.C.C. Publication 1287, pp. 164–171.

Addresses of the authors:
D. G. HARRY, Department of Geography, University of Western Ontario, N6A 5C2, Canada;
Present address: Terrain Sciences Division, Geological Survey of Canada, K1A 0E8, Canada
H. M. FRENCH, Departments of Geography and Geology, University of Ottawa, K1N 6N5,
Canada;
M. J. CLARK, Department of Geography, University of Southampton, SO9 5NH, U.K.

Z. Geomorph. N. F.	Suppl.-Bd. 47	27–60	Berlin · Stuttgart	November 1983

Les processus d'érosion littorale périglaciaire de la région de Poste-de-la-Baleine et des îles Manitounuk sur la côte est de la mer d'Hudson, Canada

par

Michel Allard et Germain Tremblay

avec 6 figures, 18 photos et 2 tableaux

Zusammenfassung. An der Ostküste der Hudson Bay begünstigen die geologischen Verhältnisse und das periglaziale Klima die Entwicklung erosiver Küstenformen im Anstehenden. Die Gesteine, die an der meerseitigen Seite der Manitounuk-Inseln basaltisch und an der dem Festland zugekehrten Küste granitisch sind, sind für die Frostverwitterung sehr anfällig. Sie sind zudem Sturmfluten voll ausgesetzt, deren Wirkung durch hohe Wasserstände und gelegentlich durchziehende Tiefdruckgebiete noch verstärkt wird. Vor allem zu Winterbeginn, und vielleicht auch zur Frühjahrsschmelze, wird Treibeis durch Westwinde an der Küste aufgeschoben. Die Kombination von Frostverwitterung, Wellenschlag und Eisgang führt zur Bildung von Kesseln, Schuttfeldern am Strand, kleinen Kliffs und Brandungsplattformen. Grobmaterial wie Sand, Grobkies und Eisdriftblöcke fangen sich in den Löchern und Höhlen, die entlang der Felsenküste durch die periglaziale Küstenerosion eingemeißelt worden sind. Die Kliffs der Manitounuk-Inseln, sowohl in dolomitischen Kalken als auch in Quarziten und Basalten, bilden sich vor allem durch Frostsprengung, Abbrüche und Steinschlag. Der scharfwinkelige Fuß des Kliffs entwickelt sich im Meeresniveau, wo der Wellenschlag, das aufgeschobene Eis und die Frostsprengung Schwächezonen im Gestein nachzeichnen. Alle diese Erosionsformen entwickeln sich bei einer kräftigen Küstenhebung in der Größenordnung von 1 cm/Jahr. Diese Hebungsrate, benutzt als Maß für die Zeit, in der Felsoberflächen zerstört werden, ermöglicht die Überschlagsberechnung der Küstenerosion.

Summary. On the east coast of Hudson Bay, geological setting and periglacial climatic conditions favour the development of erosional shore landforms. The rocks which are basaltic on the seaward side of Manitounuk islands and granitic on the mainland shoreline, are prone to frost-riving. The shoreline is exposed to storm waves whose importance is amplified by surges created by the passage of frequent cyclonic disturbances. Pack-ice is pushed by westerly winds onto the shore at the beginning of the winter and also, probably, on some occasions during spring break-up; ice-pushed ridges are built on the shore. The combined action of frost-wedging, wave quarrying and ice thrusts leads to the formation of pits, areas of rock quarrying, small cliffs and shore platforms. Coarse debris such as sand, shingle and ice-drifted boulders get trapped in the pits and hollows carved along the rocky shoreline by the periglacial coastal erosion. Gelifraction and

0044-2798/83/0047-0027 $ 8.50

rockfall are active in the cliffs of Manitounuk islands which are composed of dolomitic limestone, quartzitic sandstone and basalt. Waves, cliff ice-foot and gelifraction are responsible for the erosion of angular shaped notches some centimeters above sea level along structural planes of weakness such as stratigraphic contacts and bedding planes. All these erosional landforms are evolving in the context of a fast coastal emergence, in the order of 1 cm/year. This uplift rate, used in the measurement of the time required for the destruction of rock surfaces, enables the computation of rates of littoral erosion.

Résumé. Les processus littoraux périglaciaires de la côte orientale de la mer d'Hudson ont cours dans un contexte géologique et climatique propice au développement de formes d'érosion dans le roc. Les roches, basaltiques sur la façade océanique des Manitounuk et granitiques le long du littoral du continent, sont sensibles à la macro-gélifraction tout en étant très exposées aux vagues de tempêtes dont l'effet est accru suite aux hausses de niveau marin qu'occasionnent le passage des dépressions atmosphériques. Au début de l'hiver surtout, et peut-être lors du déglacement printanier, les glaces sont poussées sur la côte par les vents d'ouest. Gélifraction, vagues de tempêtes et poussées glacielles combinées entraînent la formation de marmites, d'aires de débitages littoral, de petites falaises et de platiers. Des sédiments littoraux grossiers, sables, galets et blocs glaciels, sont piégés dans les cavités creusées le long de la côte rocheuse par l'érosion littorale périglaciaire. Quant aux falaises des îles Manitounuk, dans des calcaires dolomitiques, des quartzites et des basaltes, elles évoluent surtout par gélifraction, écroulements et chute de blocs tandis que des niches anguleuses se développent au niveau de la mer où les vagues, le pied de glace et la gélifraction exploitent les plans de faiblesses structurales. Ces formes d'érosion évoluent dans le contexte d'une émersion côtière de l'ordre de 1 cm/an. Ce taux, utilisé pour mesurer le temps requis pour le démantèlement de surfaces rocheuses, permet de déterminer des vitesses d'érosion littorale.

Introduction

Comme sur toutes les côtes en général, les littoraux des milieux périglaciaires dépendent pour leur évolution d'agents marins s'attaquant à un rivage constitué de matériaux rocheux de composition pétrographique donnée, disposés selon un agencement structural propre et soumis également à des processus géomorphologiques terrestres caractéristiques du régime climatique local. A ces différences toutefois que dans les régions froides, la couverture glacielle saisonnière interfère avec l'activité des vagues (BÉGIN & ALLARD 1981; HUME & SCHALK 1976; TAYLOR & MCCANN 1976) et exerce une action directe sur la côte (DIONNE 1978, 1976, 1972, 1970; HUME & SCHALK 1964; OWENS & MCCANN 1970) tandis que les processus mécaniques caractéristiques du milieu périglaciaire, principalement la gélifraction (MOIGN 1976) contribuent à la destruction des roches.

Relativement peu de travaux ont été consacrés à l'étude des formes d'érosion le long des côtes rocheuses sous climat périglaciaire et cet aspect de la géomorphologie n'occupe encore que très peu de place aussi bien dans les ouvrages de base de géomorphologie littorale que dans les traités de géomorphologie périglaciaire. La littérature n'en contient pas moins des contributions importantes ou notables. ZENKOVITCH (1967: 173–176) insiste sur la complémentarité indispensable entre la météorisation et l'action des glaces flottantes pour produire des formes d'érosion dans les roches massives. Le rôle dominant de la gélifraction dans le recul des falaises rocheuses et la formation des strandflats du Spitzberg est une conclusion importante des recherches DE MOIGN (1976) qui a décrit aussi l'action du pied de glace sur les parois rocheuses. Des observations sur l'activité du

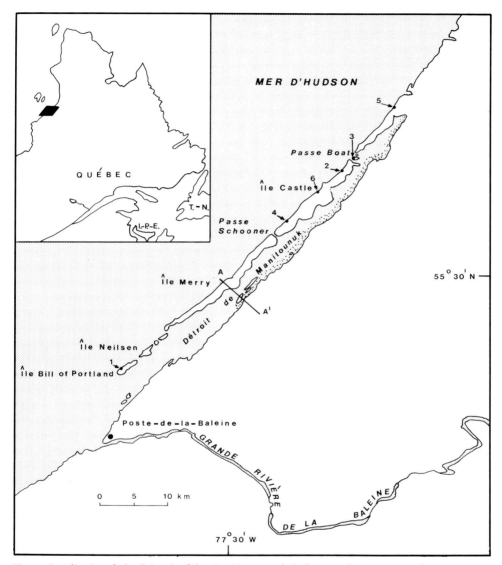

Fig. 1. Localisation de la région étudiée (A – A', coupe de la figure 2; les nos 1 à 6 réfèrent aux sites de mesure du tableau II).

Location of the study area (A – A', section of fig. 2: nos 1 to 6 refer to study sites of table II).

pied de glace de falaise ont été faites par NIELSEN (1979) au Groenland. Les observations et les hypothèses émises par ces auteurs rejoignent celles DE CORBEL (1958) qui a décrit aux îles Mingan (Québec) l'action de levier exercé par le pied de glace lorsqu'il se décroche des parois et son rôle dans le transport au loin des débris de versant. Sur les rives du Saint-Laurent, ALLARD & CHAMPAGNE (1980) mentionnent l'action combinée de la gélifraction et des glaces flottantes comme facteur de destruction des barres rocheuses littorales tandis que, près de la région étudiée, des observations DE LAGAREC (1976) sur les champs de blocs glaciels du Golfe de Richmond, à 50 km au nord des Manitounuk, font état d'une certaine destruction du littoral rocheux.

Par contre, l'effet des poussées glacielles sur les côtes rocheuses n'a guère été étudié bien que les conditions de formation des crêtes de poussées glacielles aient fait l'objet de travaux très intéressants (TAYLOR 1978). En effet, le rôle géomorphologique des pressions glacielles a été étudié surtout sur les plages arctiques (OWENS & MCCANN 1970; TAYLOR & MCCANN 1976; HUME & SCHALK 1976, 1964). ALESTALO & HAÏKÏO (1976) ont par ailleurs fort bien cerné les conditions climatiques responsables de la formation de crêtes de poussée sur une côte en dépôts meubles du golfe de Bothnie; de plus, ils les ont décrites avec détails ainsi que leur conséquences géomorphologiques. La problématique qui sous-tend la majorité des travaux sur l'action littorale des glaces dans l'Arctique vise principalement à déterminer la part relative jouée par les glaces flottantes et les vagues de tempête de la période interglacielle sur la morphologie des plages.

La région étudiée est située sur la côte orientale de la mer d'Hudson par 55° 30' de latitude nord (fig. 1). Les relevés sur les côtes rocheuses ont porté sur les îles Manitounuk et sur environ cinq kilomètres de côte au nord du village de Poste-de-la-Baleine. Les buts de la présente contribution sont de décrire des formes d'érosion observées dans un environnement où la gélifraction, les poussées glacielles et les vagues forment une combinaison particulièrement efficace et d'étudier en détail les processus et les mécanismes en cause.

Description du milieu

L'environnement géologique et géomorphologique

Deux grands ensembles géologiques caractérisent la région de Poste-de-la-Baleine: des formations granito-gneissiques de l'Archéen, âgées de 2,5 à 2,6 milliards d'années, constituant l'assise continentale et des formations volcano-sédimentaires d'âge Protérozoïque (0,8–1,6 milliards d'années) disposées en cuestas sur le bord de la mer (CAILLEUX & HAMELIN 1969). Le relief continental est constitué de collines basses légèrement allongées en direction est-ouest et alternant avec des sillons qui suivent les axes de fractures. La surface d'ensemble, associée à une vieille pénéplaine (KRANCK 1951; CAILLEUX & HAMELIN 1969), s'incline doucement vers la mer. Il en résulte une côte basse, découpée de pointes rocheuses et de petites baies et qui passe graduellement sous le niveau marin selon des pentes de trois à dix degrés. Un réseau de fractures à fort pendages, typique des reliefs granitiques, sillonne la surface rocheuse selon plusieurs directions, les principales étant orientées S-N et OSO-ENE et les secondaires SO-NE et NNO-SSE (HILLAIRE-MARCEL & DE BOUTRAY 1975). Il existe aussi un système de joints, ou pseudo-stratifications, parallèle à la surface. Ce dispositif de fissures joue un rôle important dans les processus périglaciaires littoraux car il est intensément exploité par la gélifraction et les vagues.

Les roches des cuestas hudsoniennes (GUIMONT & LAVERDIÈRE 1980) reposent en discordance sur le socle archéen. La stratigraphie et la structure géologique ont été décrites par LOW (1903), KRANCK (1951), BIRON (1972) et CHANDLER & SCHWARTZ (1980) (fig. 2). Il existe, tout-à-fait au début de la séquence un mince conglomérat de base, mais sa quasi-absence en zone littorale fait qu'il ne présente que peu d'intérêt pour cette étude. De façon très générale, trois grands types de roches se superposent stratigraphiquement.

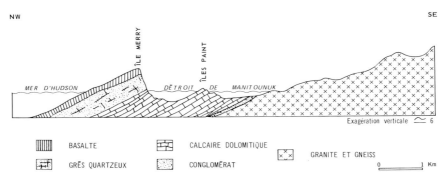

Fig. 2. Topographie et géologie des îles Manitounuk (localisation de la coupe à la figure 1).
Topography and geology of Manitounuk islands (location of the section on figure 1).

Des dolomies et des calcaires dolomitiques, d'une puissance totale de l'ordre de 260 m constituent l'unité inférieure. Viennent ensuite encore 120 m de grès quartzitiques et de quartzites qui passent à quelques 5–10 m de greywackes et de grès ferrifères avant le contact abrupt avec l'unité supérieure. Cette dernière est constituée d'une vingtaine de mètres de laves basaltiques à joints prismatiques verticaux.

Les dolomies et les quartzites se présentent en strates d'une épaisseur moyenne de l'ordre d'un mètre. Ces bancs sont diaclassés suivant un réseau orthogonal dont une composante est grossièrement parallèle à leur direction tandis que l'autre est transversale. En plus des joints hexagonaux et verticaux typiques qui leur confèrent un aspect en tuyaux d'orgues, les basaltes sont fissurés suivant un réseau de joints verticaux et selon des plans de pseudo-stratification subparallèles à la surface dont l'espacement vertical varie de 25 cm à 1,5 m. Occasionnellement, des poches de brèches volcaniques de l'ordre du décamètre sont incluses dans les basaltes tandis que des contacts latéraux et horizontaux sont parfois visibles entre des coulées de lave adjacentes et superposées.

La cuesta des îles Manitounuk forme une chaîne insulaire parallèle à la côte dont elle ·n'est distante en moyenne que de 1,5 km. La dépression subséquente, entre les îles et le continent est occupée par le détroit de Manitounuk. Le front de la cuesta fait face au continent et présente des falaises qui donnent sur le détroit tandis que le revers s'incline vers la mer suivant une pente de 5 à 10 degrés. Des passages étroits reliant le détroit de Manitounuk et la mer d'Hudson occupent les percées conséquentes à travers la cuesta.

L'altitude maximale des îles croît du sud-ouest au nord-est, passant de 50 m à l'île Bill of Portland à 140 m à l'île Castle. Du côté de la mer, le relief sous-marin est en pente douce, suivant le versant structural. Par contre, les falaises du détroit donnent, sans l'intermédiaire de plates-formes littorales, sur des profondeurs de 20 à 40 m.

La région étudiée fut déglaciée il y a environ 8000 ans B.P. La transgression de la mer de Tyrrell ayant alors ennoyé les terres jusqu'aux environs de la cote actuelle de 300 m, une rapide émersion s'ensuivit consécutivement au relèvement isostatique. (HILLAIRE-MARCEL 1976). Selon les courbes d'émersion (HILLAIRE-MARCEL 1976) (ALLARD & TREMBLAY, ce volume) les sommets des îles ont commencé d'émerger il y a environ 6000 ans B.P. L'application du modèle de relèvement isostatique D'ANDREWS (1970), l'analyse chronologique des séries de plages D'HILLAIRE-MARCEL (1976, 1980) et nos propres datations et mesures à de basses altitudes indiquent un taux d'émersion actuel de 10 mm/an.

Des polis et des marques d'érosion glaciaires sont visibles tout le long du littoral sur les surfaces rocheuses. Les roches profilées et moutonnées, les stries, les trains de broutures et les cannelures s'y présentent en effet de façon spectaculaire (LAVERDIÈRE & GUIMONT 1981). Le parallélisme des marques glaciaires, orientées entre 335° et 225° avec une dominance vers 270°, et l'aspect typique de ces surfaces (photo 1) rendent celles-ci faciles à distinguer des polis glaciels et des surfaces d'érosion littorale. Compte tenu du fait que les surfaces glaciaires submergées sont protégées de l'érosion marine et périglaciaire, elles constituent au fur et à mesure qu'elles émergent la surface originale à laquelle s'attaquent les vagues, le gel et les glaces.

Photo 1. Poli glaciaire sur le littoral rocheux.
Glacial polish on the rocky shoreline.

Les seuls dépôts quaternaires du milieu étudié consistent en accumulations littorales actuelles et anciennes très grossières, principalement en cordons de galets et en champs de blocs. Des sables grossiers sont aussi déposés en plages dans les sites les plus abrités. Des dunes se sont développées par endroits sur les terrasses holocènes et les plages soulevées. De nombreux blocs, parfois isolés, parfois groupés sont dispersés sur les surfaces rocheuses. Les éléments cristallins continentaux y sont les plus représentés, notamment sur les cuestas en roche volcano-sédimentaire. Compte tenu du sens de l'écoulement glaciaire, il y a lieu de croire que ces dépôts sont le résultat des délavages et des remaniements du drift glaciaire par les agents marins au cours de la régression marine.

Le régime climatique

L'analyse des données de la station météorologique de Poste-de-la-Baleine (en opération depuis 1925) a permis à plusieurs auteurs d'en définir le régime climatique (BÉGIN 1981; PLAMONDON-BOUCHARD 1975; WILSON 1968). La station se situe en zone subarctique quoique le climat ait des composantes arctiques; en certaines années plus inclémentes que les autres, les conditions sont nettement arctiques (WILSON 1968). Ce régime rigoureux pour la latitude est dû en grande partie à la présence immédiate de la mer d'Hudson. Au printemps, en été et en automne, le climat est maritime et comporte des pluies abondantes et des brouillards fréquents localisés le long de la côte (PLAMONDON-BOUCHARD 1975) tandis que la couverture de glace sur la mer d'Hudson stoppe en hiver les échanges de chaleur et d'humidité entre la surface océanique et l'atmosphère. Les masses d'air de l'ouest conservent alors leur caractère continental et le temps devient froid et clair. Ces conditions plus rigoureuses le long de la côte qu'à l'intérieur des terres sont reflétées par la végétation et la morphologie. En effet, sur les îles Manitounuk, notamment celles situées à l'extrémité sud-ouest de l'archipel et plus exposées au large, la dominance des espèces végétales arctiques et de la toundra suggère des conditions climatiques plus rigoureuses que les environs de la station météorologique sur la continent (MAYCOCK 1968). Cela n'empêche pas toutefois la présence de peuplements d'épinettes blanches (*Picea glauca* MOENCH (VOSS)) sur les sites enneigés et abrités des vents sous le front des cuestas. Cette essence côtière est caractéristique des climats côtiers froids à forte humidité atmosphérique (PAYETTE 1975). Compte tenu du fait que la végétation forestière se tient toujours à quelques centaines de mètres en retrait du littoral (HUSTICH 1951), on peut envisager la présence en bordure immédiate de la mer d'un micro-climat très sévère. Le pergélisol aussi est présent par endroits dans le roc à 1 km du littoral alors qu'il en est absent quelques kilomètres seulement à l'intérieur des terres (BOTTERON et al. 1979). Des palses et des buttes minérales cryogènes sont présentes dans les tourbières et les sédiments fins le long de la rive est du détroit de Manitounuk (DIONNE 1978 b).

La température moyenne annuelle à Poste-de-la-Baleine est de − 4,3°. Le minimum est atteint en janvier (température moyenne de − 22,8°) tandis que le maximum survient en août (moyenne de 10,6°). Plus de 200 jours connaissent des températures sous le point de congélation. Les premières gelées ont lieu en septembre, mais c'est entre la mi-octobre et la mi-novembre que le gel s'installe en permanence. La fonte se produit entre la mi-avril et la mi-mai (en moyenne le 11 mai).

Les précipitations totales annuelles sont en moyenne de 663 mm, dont 252 mm sous forme de neige. La période la plus pluvieuse va de juillet à septembre alors que la fréquence des précipitations équivaut à une journée sur deux. Le mois d'octobre voit tomber d'abord des neiges fondantes alors que la température journalière oscille autour de 0°; de courtes périodes de fonte et de regel de la neige au sol alternent alors. Puis la neige tombe abondamment, surtout en novembre qui reçoit en moyenne 60% des précipitations solides annuelles.

La répartition de la neige au sol est très inégale à cause du couvert végétal et des forts vents qui la distribuent en fonction des accidents topographiques (PAYETTE & LAGAREC 1972; FILION & PAYETTE 1976, 1978). En fin d'hiver, les épaisseurs ne dépassent pas 45 cm sur le haut des plages; le cordon littoral demeure dénudé. Les épaisseurs maximales sont de l'ordre de 45 cm sur les surfaces rocheuses exposées et encore, les affleurements littoraux et le revers basaltique des cuestas n'ont qu'un couvert de neige très mince, voire absent; en mars 1980, on pouvait y apercevoir les polis glaciaires à travers une mince carapace de neige glacée. PAYETTE & LAGAREC (1972) ont mesuré en mars, sous 48 cm de neige, la température en surface du roc qui était voisine de − 20°. Aucune protection thermique n'est offerte aux roches sous une couverture nivale inférieure à 20 cm.

Les vents proviennent de directions variables selon les saisons, soit en dominance de l'est et du sud-est en automne et en hiver, du nord au printemps et en été. Cependant, les vents les plus forts de l'année proviennent du nord-ouest et sont associés au passage de fréquentes dépressions atmosphériques. Ils surviennent entre septembre et janvier (WILSON 1968).

Comme il apparaît évident que la période de l'automne et du début de l'hiver est celle où les conditions climatiques (gel, neige, vents, englacement) sont les plus susceptibles d'influencer les processus littoraux, nous avons compilé les données d'une saison récente, l'automne 1980, (fig. 3). La comparaison de ces données avec celles à long terme, effectuée par BÉGIN (1981), permet de voir que cette saison là fut plus froide et que l'arrivée de l'hiver fut un peu plus hâtive que la normale. Les plus grandes chutes de neige survinrent en octobre plutôt qu'en novembre. Les vents (5,5 m/s en moyenne) furent un peu moins rapides que la moyenne à long terme (6 m/s). Néanmoins, cette saison n'est pas exceptionnelle et la séquence des événements se compare quand même bien aux conditions généralement rencontrées.

L'automne en question se caractérise par le passage de dépressions atmosphériques se succédant en moyenne à tous les trois jours. Le passage des creux correspond presque toujours à un changement de direction du vent qui au départ souffle de terre puis, après avoir tourné, souffle de la mer, soit surtout du secteur nord-ouest. Ces vents sont les plus forts excédant 25 noeuds (46 km/h) pendant des périodes de quatre à douze heures. Le passage de ces basses pressions est accompagné de précipitations abondantes. On remarque également à la figure 3 que les gels journaliers, débutant le 19 septembre, demeurèrent peu intenses jusqu'au 18 octobre, date à partir de laquelle, les cycles gel-dégel quotidiens devinrent prononcés et durèrent jusqu'au 4 novembre. A l'exception de trois brèves périodes de réchauffement, le gel fut alors définitif. La baisse subite des températures de l'air à compter du 11 décembre correspond à l'expansion rapide de la couverture de glace sur la mer. La courbe cumulative des degrés-jours de gel (fig. 4) réflète bien cette progression saisonnière du froid.

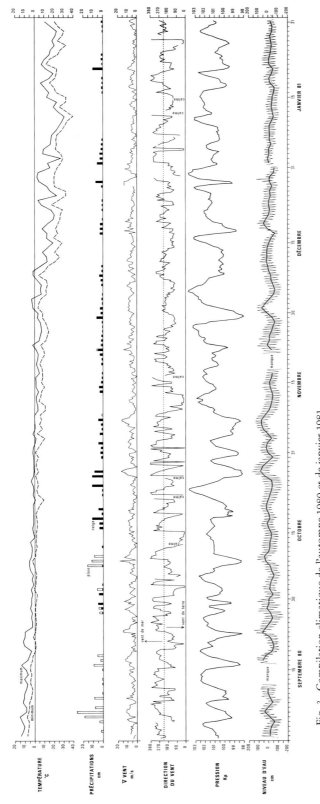

Fig. 3. Compilation climatique de l'automne 1980 et de janvier 1981.
Climatic data compilation for fall 1980 and january 1981.

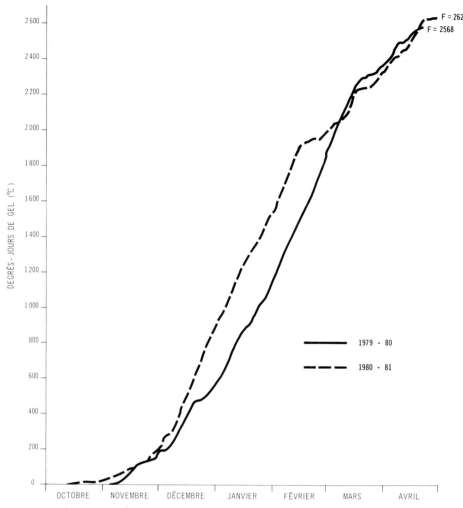

Fig. 4. Courbes cumulatives des degrés-jours de gel, Poste-de-la-Baleine (F=indice de gel).
Cumulative curves of freezing degree-days, Poste-de-la-Baleine (F=air freezing index).

Le régime océanographique

Les conditions océanographiques locales sont largement dépendantes du climat et des variations météorologiques. La salinité est en profondeur d'environ 32‰ tandis que, suite aux forts débits des rivières résultant de la fonte nivale sur un immense bassin versant, elles est en été beaucoup plus faible en surface, de l'ordre de 23‰. En août, la température en surface voisine 9,5° tandis qu'au delà de 75 m de profondeur elle se situe autour de − 1,8° (HACHEY 1954).

Le fetch est grand dans toutes les directions, le seul obstacle au large étant constitué par l'archipel des îles Belchers, situé à 100 km au nord-ouest de la région étudiée. Les vagues engendrées lors du passage des tempêtes sont certainement les plus importantes dans les processus littoraux quoique nous ayons souvent observé par beau temps une houle d'origine lointaine.

Les régime marégraphique est micro-tidal de type semi-diurne. Selon Pêches et Océans Canada (1981), le marnage des marées moyennes est de 1,3 m alors que le marnage des marées de vive-eau est de 1,9 m. Cependant, l'analyse statistique des niveaux d'eau, réalisée par CENTREAU (1980), démontre que les changements de la pression atmosphérique constituent la variable qui explique en majeure partie les fluctuations importantes du niveau d'eau. En effet, il est évident que les fluctuations corrélatives aux variations de pression dépassent parfois en amplitude celles qui sont engendrées par la seule marée (fig. 3). «On constate aussi qu'il y a en moyenne un décalage de onze heures entre les fluctuations de la pression à Poste-de-la-Baleine et celle du niveau d'eau.» (CENTREAU 1980: 21). Les vents d'ouest sont aussi un facteur explicatif des fortes hausses du plan d'eau quoique dans une proportion statiquement moins importante. Au cours d'une même saison, vents et pression combinés occasionnent fréquemment une surélévation de 1 m du plan d'eau en sus de la marée. Le niveau moyen de la mer est en automne de 15 à 20 cm supérieur au niveau moyen annuel (tab. 1).

Le passage des tempêtes caractérisées par des vents du large et une hausse du niveau d'eau apparaît donc comme un des traits majeurs de la dynamique littorale. Ce phénomène est d'autant plus important par ailleurs que les pentes rocheuses sur le revers de la cuesta et sur la côte rocheuse de Poste-de-la-Baleine sont faibles, ce qui permet aux vagues de tempête de balayer de grandes surfaces. Des surélévations du plan d'eau occasionnées par le passage de temps cycloniques et de même amplitude se produisent aussi dans la Baie de James, au sud de la région étudiée (GODIN 1975).

L'action des glaces flottantes sur la côte en est aussi largement influencée. Avant l'englacement de la surface marine, divers types de pieds de glace se développent sur la côte. Notons le pied de glace festonné avec ou sans boules de glace (dépendant des chutes

Tableau 1.   Niveaux de la mer à Poste-de-la-Baleine en 1980*

Moyenne annuelle	− 28,8 cm
Moyenne mensuelle la plus haute: septembre	− 8,7 cm
Moyenne de l'automne (septembre à décembre)	− 10,9 cm
Ecart de l'automne par rapport à la moyenne annuelle	+ 17,8 cm
Niveau instantané maximum de l'année (27 octobre)	+168,0 cm
Moyenne mensuelle la plus basse (mai)	− 48,8 cm
Moyenne du printemps (avril−juin)	− 44,8 cm
Ecart du printemps par rapport à la moyenne annuelle	− 16,0 cm
Niveau instantané minimum de l'année (2 juin)	−170,0 cm

* niveaux par rapport au 0 des cartes topographiques à Poste-de-la-Baleine
Source: Hydro-Québec (1980)

Photo 2. Crête de poussée glacielle sur le littoral; Ile Bill of Portland.
Ice-pushed ridge on the shore; Bill of Portland island.

de neige), sur les plages et les côtes basses et le pied de glace de falaise sur les parois des fronts de cuestas suite au gel des embruns et des eaux de jaillissement (BÉGIN 1981; BÉGIN & ALLARD 1981).

La banquise ne commence à se former sur la mer d'Hudson qu'en décembre, parfois en janvier, se développant d'abord le long des côtes (DANIELSON 1971). Comme la couverture glacielle met plusieurs semaines à se former et se souder, le pack peut être mis en mouvement et les floes dérivent sous la poussée des vents. Ceux du sud-est, dominants en cette saison, font décoller des floes de la côte et les poussent au large; mais comme les vents tournent fréquemment en quelques heures pour venir de l'ouest, les floes sont repoussés en sens inverse et s'agglomèrent sur les hauts fonds et sur les côtes rocheuses en pente douce (photo 2). De telles conditions furent rencontrées le 27 décembre 1980 (BÉGIN 1981) (fig. 3). Des crêtes de poussées pouvant atteindre 10 m de hauteur s'édifient sur la côte exposée des Manitounuk. Dès 1903, LOW avait décrit ces crêtes de poussée glacielles sur la côte est de la mer d'Hudson. Formées d'amoncellements de radeaux de glace de 15 à 20 cm d'épaisseur, la structure interne de ces crêtes se compare à des failles de chevauchement et la dernière couche sur le dessus dessine en coupe un plan de cisaillement courbe.

Dans le courant de janvier, la mer d'Hudson achève de geler; seules quelques polynies (moins de 1% de la surface) subsistant au cours de l'hiver.

Bien que cette possibilité ne puisse être exclue, le printemps ne semble guère aux îles Manitounuk une période propice aux chevauchements et aux poussées glacielles car la mer est à son plus bas niveau en ce temps de l'année (tab. 1) par suite de la moins grande fréquence des temps cycloniques tandis que les vents du secteur ouest ont moins d'importance en cette saison. D'importants déplacements des glaces flottantes furent observés du 16 au 19 juin 1980. Le 16, par temps ensoleillé, les radeaux de glaces étaient visibles au large à plusieurs kilomètres de distance; le 17, le vent tourna au sud-ouest et souffla ensuite de cette direction pendant deux jours. Il poussa la glace à la côte et le détroit de Manitounuk en fut engorgé. Aucune crête de poussée ne fut édifiée à Poste-de-la-Baleine. Les nombreux radeaux de dimensions et de formes diverses formèrent une couverture compacte tout le long de la côte mais la perte d'énergie engendrée par le frottement des radeaux les uns contre les autres et la discontinuité du couvert glaciel a empêché les poussées glacielles de monter sur la côte.

Sur les plans climatique et océanographique, l'environnement littoral périglaciaire des îles Manitounuk et de Poste-de-la-Baleine se caractérise donc sommairement par quelques éléments très importants qui sont: a) la fréquence des tempêtes coïncidant avec le début de la saison hivernale; b) les cycles gélivaux superficiels nombreux et susceptibles d'affecter la surface du terrain pendant la période d'engel et la pénétration rapide et profonde du gel hivernal dans les roches à cause de l'extrême minceur du couvert nival; c) la formation de pieds de glace sur le rivage et d) les poussées glacielles le long de la côte.

L'érosion du littoral rocheux

En considérant la surface glaciaire comme la stade initial non affecté par l'érosion (photo 1), la description des formes littorales rocheuses du revers basaltique de la cuesta et des côtes granitiques sera abordée selon l'état de destruction de plus en plus avancé de la surface qu'elles impliquent. Il s'agit dans l'ordre des polis d'abrasion littorale, des polis glaciels, des marmites littorales, des aires de débitage littoral et des platiers avec falaises. Par la suite seront considérées les falaises des fronts de cuesta avec leurs encoches littorales.

Les revers de cuesta et la côte granitique

Les polis d'abrasion littorale

Quelquefois les polis glaciaires sont, sinon complètement effacés, du moins estompés par l'abrasion littorale qui confère une patine matte à la surface rocheuse qui n'est usée que de moins de 1 mm (photo 3). On ne retrouve ces polis marins qu'au voisinage de petites plages sableuses ou de dépressions rocheuses contenant un peu de sable et gravier. Les vagues armées de ces abrasifs agissent localement. Cela ne demeure toutefois qu'un processus d'ampleur marginale dans la région étudiée.

Les marques et les stries glacielles

Ce type de microforme a largement été décrit par DIONNE (1973) et par LAVERDIÈRE & al. (1981) dans des environnements identiques (photo 4). On les retrouve partout sur le littoral rocheux où elles se superposent aux polis glaciaires. Dans la vaste majorité des cas, les stries et éraflures glacielles sont facilement reconnaissables par leur faible longueur, leurs courbures, leurs orientations multiples et au hasard et leur fraîcheur par opposition aux marques glaciaires dont les stries longues et un peu plus profondes sont parallèles entre elles et s'accompagnent de cannelures et de trains de boutures glaciaires. Les stries

Photo 3. Poli d'abrasion marine sur les basaltes. Les sables et les cailloux qui servent d'abrasifs sont dispersés en surface. Un galon à mesurer donne l'échelle.

Marine abrasion on the surface of the basalt. The abrasives, sand and pebbles, are scattered on the rocky surface. A measuring tape gives the scale.

Photo 4. Stries glacielles d'orientation variées superposées à un poli glaciaire dont les stries parallèles indiquent un écoulement glaciaire vers la droite.

Drift ice striations of variable directions superimposed on a glacial polish.

glacielles sont gravées par les glaces flottantes armées de cailloux lorsqu'elles chevauchent la côte ou qu'elles y glissent à l'occasion de réajustements de masse.

Les marmites littorales

Les marmites sont des cavités isolées et de forme approximativement circulaire (photos 5 et 6). D'un diamètre d'environ 2 m, leurs parois sont verticales et apparaissent déchiquetées par la gélifraction. Leur profondeur varie de 40 cm à 1 m et la plupart contiennent soit des sables et graviers piégés par la cavité dans leur mouvement de va et vient sur la côte, soit des galets et des blocs. Dans ce dernier cas, on retrouve autant, sinon plus de blocs cristallins subarrondis que de gélifracts de basalte locaux et anguleux. Souvent le poli glaciaire subsiste tout autour de l'évidement.

Il appert que ces marmites pourraient être initiées par le soulèvement au gel d'un quartier de roc préfiguré par le réseau de fissures suivi de son évacuation par une poussée glacielle. La cavité est ensuite susceptible de s'agrandir grâce au recul des parois commandé par la gélifraction; la marmite constitue également un piège pour les débris en transit sur le littoral.

Les aires de débitage littoral

Ces aires consistent en surfaces surcreusées à même la surface glaciaire originale, le surcreusement résultant de l'ablation d'une tranche de roc variant de 25 cm à 4,5 m d'épaisseur, mais plus généralement d'environ 1,5 m. Bien que les distinctions ne soient pas toujours nettes sur le terrain, deux types d'aires sont perceptibles: les aires de débitage concentré et les aires de débitage dispersé.

Dans les aires concentrées, la zone érodée est continue et il ne subsiste aucun lambeau de poli glaciaire. Dans plusieurs cas, la forme de creusement constitue une petite baie rectangulaire. Ces baies ont en moyenne de 30 à 40 mètres de longueur (perpendiculairement à la ligne de rivage), une douzaine de mètres de largeur et de 1,5 à 3 m de profondeur. Elles constituent comme les marmites des pièges à sédiments et contiennent soit des blocs glaciels, soit des sables et graviers transportés par la dérive littorale (photo 7).

Les aires de débitage dispersé peuvent s'étendre sur des superficies de plusieurs centaines de mètres carrés. On y retrouve des secteurs où domine encore la surface glaciaire criblée de cavités laissées par le départ de nombreux quartiers rocheux. En d'autres endroits, une tranche (25 cm à 1,5 m) presque continue de gélifracts a été emportée dégageant une surface fraîche à micro-relief chaotique et ne laissant ici et là que quelques témoins de la surface glaciaire (photo 8). Comme le plancher de ces aires est déterminé par les plans de pseudo-stratification sub-parallèles à la surface, la pente demeure identique à celle du relief original soit de l'ordre de 3° à 5°. Des blocs glaciels sont répartis partout sur ces surfaces, avec toutefois des concentrations dans les secteurs les plus profonds et contre les parois amont des dépressions.

Les plates-formes littorales

La transition typologique entre les aires de débitage et les plates-formes est imprécise car ces dernières ne constituent en réalité qu'un stade plus avancé de démantèlement de la

Photo 5. Marmite littorale aux versants anguleux et partiellement comblée de blocs glaciels allochtones.
Pit with angular sides and partly infilled with ice-drifted boulders.

Photo 6. Marmite littorale peu profonde contenant des blocs et des galets.
Shallow pit with entrapped cobbles and boulders.

Photo 7. Aire de débitage concentré dans les basaltes. Le découpage du versant en marches d'escalier met en évidence les diaclases verticales et les plans de pseudo-stratification. Noter le contenu en blocs comprenant des éléments cristallins émoussés et des basaltes anguleux.

Area of concentrated rock destruction. The importance of vertical joints and sheeting in the erosion process is evidenced in the stepwise morphology of the sides. Note the mixing of worn granitic boulders and angular basalt blocks.

surface originale. Notons cependant que les plates-formes littorales sont peu nombreuses, localisées dans des sites bien particuliers, de faible superficie et que comparativement aux platiers bien développés généralement associés aux côtes rocheuses (TRENHAILE 1980), elles ne constituent que des formes embryonnaires.

Les quelques plates-formes littorales de la région sont situées à l'extrémité sud de plusieurs îles du côté de la mer d'Hudson, soit aux îles Castle, Nielsen et Bill of Portland ainsi qu'à deux petites îles sans nom de l'extrémité sud de l'archipel. Celle de l'île Castle, par exemple, se localise à l'angle formé entre la ligne de rivage et le passage Schooner (fig. 1) qui la sépare de l'île Merry. La bathymétrie plus profonde au droit des passages entre les îles et l'exposition au secteur ouest sont vraisemblablement les facteurs responsables en ces endroits d'une attaque plus forte des vagues et des poussées glacielles.

Des falaises atteignant jusqu'à 4,5 m de hauteur, soit l'équivalent de l'épaisseur de trois plans de pseudo-stratification, bordent les plates-formes. La pente de ces platiers demeure relativement forte, pouvant atteindre 5° par suite du contrôle structural qui maintient son influence sur le profil. Leur largeur est d'environ 70 m tandis qu'ils s'étendent le long de la côte sur des distances de 150 m à 400 m. Consécutivement au relèvement isostatique en cours, il arrive souvent qu'une même surface s'incline du pied d'une falaise morte à quelques mètres au-dessus du niveau des vagues de tempêtes jusqu'au niveau marin actuel (photo 9). Ces plates-formes sont en grande partie recouvertes de blocs glaciels et de galets qui lorsqu'ils sont suffisamment abondants sont édifiés en cordons littoraux par les vagues de tempête.

Photo 8. Aire de débitage dispersé. Au premier plan, des lambeaux – témoins de poli glaciaire. Noter la surface irrégulière due au départ de nombreux quartiers rocheux.

Area of scattered rock destruction. In foreground, vestiges of glacial polish. Note the irregular surface due to parting of numerous rocks fragments.

Photo 9. Plate-forme littorale de l'extrémité sud-ouest de l'île Castle, avec la falaise à l'arrière-plan. La surface est couverte d'un champ de blocs glaciels.

Shore platform at the southeastern end of Castle island, with cliff in the background. The platform is covered by an ice-drifted boulder field.

Seul KRANCK (1951: 26) a, par le passé, signalé brièvement cet arrangement géomorphologique des falaises, platiers et champs de blocs sur la côte orientale de la mer d'Hudson.

Les fronts de cuesta
La morphologie des falaises

Le front de la cuesta sur le détroit de Manitounuk présente de nombreux abrupts dont plusieurs, compte tenu de la topographie de la séquence volcano-sédimentaire, correspondent à des falaises vives de hauteur très variable allant d'une dizaine de mètres dans les falaises de dolomie à une trentaine de mètres dans les quartzites et les basaltes. Il n'existe pas de platiers au pied de ces falaises et comme il s'agit d'abrupts d'origine structurale ennoyés à l'occasion d'une transgression marine encore non terminée, ces escarpements littoraux sont par définition de fausses falaises (GUILCHER 1954).

Les falaises dans les quartzites et les dolomies ont des profils en marche d'escalier (photo 10) dû aux stratifications et au réseau de diaclases, les replats correspondant aux plans de stratification et les contremarches aux diaclases verticales. Par contre, les falaises basaltiques sont le plus souvent subverticales et la structure typique en «tuyau d'orgues» y est évidente presque partout.

Des polis d'abrasion littorale et de légers émoussés s'observent au niveau de la mer dans les falaises de quartzites. Mais le processus d'érosion dominant demeure lié à la gélifraction. En effet, le gel-dégel agit dans les diaclases et entraîne le détachement de blocs des parois, voire l'écroulement occasionnel de pans de murs entiers. Au sommet des

Photo 10. Gélifraction et chute de blocs dans une falaise de quartzite.
Congelifraction and debris fall in a quartzite cliff.

falaises, les diaclases parallèles au rebord sont de plus en plus ouvertes à mesure qu'on s'en approche. Ce processus, non littoral en soi, s'observe aussi dans les abrupts non baignés par la mer. Par exemple, à 22 m du rebord d'une falaise les diaclases sont ouvertes de 2 à 8 cm; à 10 m du bord, elles font 20 cm et elles atteignent 35 cm à 1 m du bord. Les gros blocs écroulés sont ensuite réduits en esquilles par la gélifraction secondaire (photo 10). Les roches dolomitiques sont pour leur part moins gélives; le gel-dégel agissant sur les plans structuraux y dégage surtout des gros blocs et peu de micro-gélifracts.

Dans les basaltes, les mêmes processus peuvent être observés. Très souvent, des pans de parois se séparent de la masse rocheuse par suite de l'ouverture des joints parallèles au rebord et des écroulements occasionnels se produisent. Dans la falaise marine l'exploitation des joints hexagonaux des colonnes de basalte permet au gel-dégel d'extraire des cailloux anguleux qui tombent à la mer ou chutent sur le pied de glace de falaise.

Malgré ces processus, le taux global de recul des falaises vives s'avère faible. En effet des stries glaciaires s'observent sur les replats inférieurs et cela jusqu'au niveau de la mer ce qui indique que l'érosion marine joue un rôle faible. Des cicatrices fraîches permettent d'estimer que le départ très récent de quartiers rocheux occasionne ici et là des reculs ponctuels de 1,80 m.

Les encoches littorales

De nombreuses encoches littorales sont apparentes dans les falaises. L'absence de repères géodésiques précis et les fluctuations barométriques et marégraphiques du plan d'eau rendent aléatoire la détermination d'un niveau précis, mais on peut estimer à la suite d'observations répétées qu'elles se situent entre 30 cm et 70 cm au-dessus du plan d'eau calme des hautes mers moyennes. Ces encoches exploitent des faiblesses structurales et se développent préférentiellement le long des contacts stratigraphiques entre les dolomies et les quartzites, entre les quartzites et les basaltes ainsi qu'entre les coulées de lave superposées.

Les encoches sont de forme anguleuse (photo 11). Elles font en général environ 1 m de profondeur et de 50 à 75 cm de hauteur. De nombreux gélifracts tombés du toit reposent sur leur plancher. Notons que, comme elles exploitent la structure géologique, elles suivent donc les pendages apparents associés aux ondulations du front de cuesta. Il en résulte qu'elles ne sont pas nécessairement horizontales.

Les processus

Pour bien cerner les processus en cause, il convient de distinguer d'une part les rivages granitiques exposés au large et à pentes faibles caractéristiques de la côte du continent et ceux du revers basaltique de la cuesta insulaire et, d'autre part, les falaises du front de cuesta donnant sur le milieu relativement protégé qu'est le détroit de Manitounuk.

Les rivages granitiques et le rivage basaltique de la cuesta

En premier lieu, l'héritage glaciaire est un facteur d'importance. Certaines petites falaises peuvent en effet résulter d'une retouche marine des parois distales, à débitage glaciaire, de roches moutonnées tandis que certaines formes d'érosion comme des marmites et des aires

Photo 11. Encoche littorale au pied d'une falaise dans les basaltes; elle suit le contact entre deux coulées de lave. Noter la forme anguleuse et les débris tombés du toit.

Niche at the base of a cliff in basalt; it is carved at the contact between two lava flows. Note the angular form and the fallen debris.

de débitage originent certes de la ré-excavation et de l'agrandissement par les processus littoraux périglaciaires d'aires de surcreusement glaciaire localisé. Les formes nouvelles, purement littorales et affectant des surfaces autrefois unies abondent cependant. Les processus en cause et la séquence suivant laquelle ils se produisent doivent rendre compte successivement de la dislocation des quartiers rocheux, de leur délogement et de leur transport hors de la zone en érosion de même que de l'apport de nouveaux débris dans les cavités fraîchement érodées. La dislocation de blocs qui conduit à la formation de marmites, d'aires de débitage et de plates-formes littorales implique certainement la macro-gélifraction, compte tenu du contexte structural et climatique et compte tenu de la dimension des débris observés (photos 7 et 9). L'importance géomorphologique de ce processus est largement reconnu. Toutefois les modalités précises de son fonctionnement sont méconnues (WASHBURN 1980; FRENCH 1976; EMBLETON & KING 1975; TRICART & CAILLEUX 1967). Plusieurs facteurs jugés essentiels à son action se conjuguent dans la région étudiée: le gel intense, les nombreuses diaclases et l'humidité élevée du milieu littoral.

Les basaltes des îles Manitounuk sont de toute évidence très propices à la macro-gélifraction et aux soulèvement par le gel. Le long des parois et des macro-falaises les blocs disjoints se détachent. Les quartiers de roche en voie d'éjection abondent, les soulèvements étant certainement favorisée par la présence des joints verticaux, associés ou non à la structure collumnaire des basaltes et interrompus par les plans de pseudostratification dans lesquels peuvent croître des lentilles de glace. D'autre part, la teinte foncée de ces roches favorise l'absorption d'énergie solaire qui permet à la roche d'avoir une température supérieure à 0 °C même quand celle de l'air est inférieure ce qui permet la fonte des minces couches nivales superficielles et l'infiltration de l'eau dans les fissures. La susceptibilité de ce type de roche à se disjoindre et à connaître des soulèvements par le gel, par comparaison à d'autres roches, comme par exemple les grès qui sont plus propices à l'éclatement, a déjà été discutée par WASHBURN (1969) au Groënland. Le réseau de fractures des roches granitiques favorise aussi la macro-gélifraction primaire dans l'environnement étudié.

L'importance des cycles gélivaux dans les roches ainsi que la profondeur et la vitesse de pénétration du gel sont des facteurs plus difficiles à cerner. Les variations de la température de l'air autour de 0 °C, (quarante-six à l'automne 1980) sont vraisemblablement loin de représenter les cycles gélivaux dans les matériaux terrestres. Les compilations des données de plusieurs auteurs (WASHBURN 1969, 1980; FRENCH 1976) montrent qu'il y a suffisamment d'évidences accumulées pour croire que seul le cycle annuel de gel-dégel affecte les sols au-delà de 5 à 10 cm de profondeur. D'autre part la pénétration profonde du gel est nécessaire, notamment dans les diaclases espacées (TRICART & CAILLEUX 1967) tandis que les pressions maximales sont obtenues dans des conditions de chute brutale des températures. Des estimations de la profondeur du gel dans les basaltes faites en utilisant l'équation de Stefan (dans LINELL & TEDROW 1981) permettent de croire que la pénétration du gel dans les basaltes des Manitounuk atteint des profondeurs de 8 m à 10 m.

La courbe cumulative des dégrés-jours de gel, établie à partir des températures moyennes journalières de l'air, ne peut représenter vraiment la progression du gel dans les matériaux et remplacer les mesures in situ. Elle fournit quant même une image approximative de ce que peut être la progression du gel dans le sol (SANGER 1963; THOMPSON 1963). Dans cette perspective, les courbes de la figure 4 apparaissent fort significatives. De la mi-octobre au début de décembre, la progression des températures propices au gel est lente, puis elle devient rapidement drastique. Par ailleurs, FILION & PAYETTE (1978) ont démontré par leurs mesures que le gel dans les sols des environs se produit au moment de la baisse rapide des températures correspondant à l'englacement maritime (mesures à 15 cm de profondeur dans des sols sableux). Comme aucune couverture nivale sérieuse n'isole les surfaces rocheuses du littoral même lorsque l'hiver est avancé, la progression de l'onde de gel se fait sans barrière thermique.

Cette caractéristique du climat régional, même si elle ne peut tout expliquer, est susceptible de favoriser largement les processus de cryoclastie en conjugaison avec les autres facteurs pertinents qui sont la prédisposition structurale et l'humidité abondante de la zone littorale.

Une fois les quartiers rocheux disloqués par la macro-gélifraction, ils doivent ensuite être délogés pour qu'il se crée des cavités. Les poussées glacielles constituent le mécanisme le plus susceptible d'y parvenir. Les effets de bélier mécanique des chevauchements glaciels sur les côtes ont fort bien été décrits par ALESTALO & HAÏKÏO (1976) au golfe Bothnie. La disposition et la morphologie des accumulations de blocs glaciels sur la côte aident à comprendre le fonctionnement du processus.

Les accumulations glacielles se présentent sous forme de champs de blocs, voire en empilements, contre les obstacles topographiques faisant face au large au haut de la zone littorale ainsi que derrière des moutonnements glaciaires peu élevés qui ne constituent pas des obstacles aux poussées glacielles (photo 12). Dans ces empilements, les blocs ont leur plus long axe incliné vers la mer, ce qui indique une pression venant de ce côté. De plus,

Photo 12. Crête de blocs glaciels accumulée par les poussées glacielles juste en amont d'un moutonnement glaciaire peu élevé. Vue vers l'intérieur des terres.
Ice pushed boulder ridge built on the stoss side of a low amplitude roche moutonnée. Viewing inland.

des éraflures fraîches sur des blocs d'échelle métrique dans des accumulations de l'année confirment la dynamique glacielle. Par ailleurs certains champs de blocs soulevés et subactuels près de la limite encore atteinte par les vagues de tempête voient occasionnellement leur marge inférieure bouleversée par une poussée glacielle, comme en témoigne la destruction des lichens qui avaient colonisé les blocs. D'autre part, parmi plusieurs individus d'un champ de blocs marqués à la peinture sur l'estran rocheux à l'automne 1979 seuls n'ont été légèrement bousculés ceux qui étaient en bordure inférieure du champ (BÉGIN 1981). On en déduit que les poussées glacielles ne s'exercent pas de façon égale d'une saison à l'autre et d'un secteur à l'autre et qu'un site donné ne peut recevoir des poussées glacielles qu'à l'occasion de pressions exceptionnelles (ALESTALO & HAÏKÏO 1976; MANSIKKANIEMI 1976; TAYLOR 1978). Les nombreuses marques et stries glacielles observées sur les surfaces rocheuses prouvent aussi les balayages répétés du littoral par les glaces flottantes. Le rôle de celles-ci comme agent de délogement de gélifracts a par ailleurs été mentionné par DIONNE (1978).

La séquence des processus de macrogélifraction et de poussées glacielles mérite aussi considération. En effet, les poussées glacielles se produisent principalement au début de la saison froide tandis que les quartiers rocheux sont vraisemblablement disjoints surtout au cours du cycle gel-dégel annuel. Durant le premier hiver de son existence, le macro-gélifract doit donc demeurer soudé par le gel à son emplacement (WASHBURN 1980). Relâché au printemps, il peut être encore disloqué davantage par les coups de bélier des vagues de tempête en attendant son délogement par une poussée glacielle (photo 13) d'une saison ultérieure.

Photo 13. Surface rocheuse disjointe par le gel et les vagues sur le rivage granitique de Poste-de-la-Baleine. La ligne peinte au centre vise à déceler des déplacements éventuels.

Disrupted granite surface due to ice-wedging and wave activity near Poste-de-la-Baleine. Painted line in center of picture is for detecting displacements of blocks.

Quant à l'évacuation des blocs délogés, elle se fait préférentiellement par poussée vers le haut de la zone littorale. L'ensemble du processus s'apparente au «ice-riving» DE KING & HIRST (1964) aux îles Äland. Les blocs de basalte ou de granite gneissique, selon le cas, se retrouvent en effet soit concentrés en crêtes glacielles ou en champs sur le haut de l'estran (66% des blocs sont groupés), soit dispersés ici et là sur le littoral (photos 14 et 15). Les blocs et galets allochtones, provenant des formations archéennes continentales sont souvent majoritaires dans les accumulations concentrées dans les marmites, sur les aires de débitage et sur les plates-formes. En fait, on retrouve à proximité immédiate des affleurements basaltiques en érosion une proportion plus ou moins égale de blocs autochtones anguleux dont une face porte encore le poli glaciaire et de blocs archéens sub-arrondis et subanguleux tandis que le matériel archéen domine largement dans la composition des plages rocailleuses à distance des affleurements (LAGAREC 1976).

L'origine du matériel archéen reste difficile à déterminer précisément. Il est trop abondant pour être entièrement apporté par les glaces flottantes. D'autre part on peut apercevoir par relevé aérien un important stock en zone infratidale et, comme les poussées glacielles se font préférentiellement du large vers la côte, elles en introduisent vraisemblablement des éléments en zone littorale. Ce stock infralittoral doit être d'origine

Photo 14. Surface rocheuse en voie de démantèlement, presqu'île de Manitounuk. Au premier plan, la surface saine fraîchement dégagée. Des dalles de basalte avec leur poli glaciaire sont à peine disjointes.

Destruction of the rock surface. In foreground, the fresh surface is being exposed. Basalt slabs with a glacial polish on the surface have just parted.

Photo 15. Les débris fraîchement érodés ont été poussés au haut du rivage et sont mêlés à des débris allochtones. La poussée glacielle fut de la gauche vers la droite.

The newly eroded debris have been pushed up the shore and are mixed with allochtonous material. Shore-ice push was from left to right.

glaciaire. Signalons enfin la présence dans les plages d'apports glaciels très lointains consistant en cailloux de calcaire paléozoïque. Ces cailloux qui ne constituent que moins de *1‰* du matériel de plage ne peuvent provenir que du côté occidental de la mer d'Hudson.

Les vitesses d'érosion

Les vitesses de l'érosion littorale périglaciaire peuvent être estimées grâce à l'utilisation du taux d'émersion des terres (actuellement assimilable au taux de relèvement isostatique). Le principe du calcul peut être démontré à l'aide de la figure 5 qui illustre l'évolution d'une aire de débitage concentré.

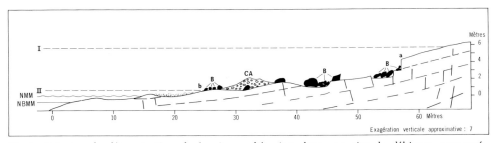

Fig. 5. Principe de détermination de la vitesse d'érosion dans une aire de débitage concentré. B – blocs glaciels; CA – cordon de sable et gravier.
Method of measurement of erosion rate in an area of concentrated rock destruction. B – ice drifted boulders; CA – gravel beach ridge.

Alors qu'au cours de l'émersion le niveau des hautes mers fut au niveau I sur la figure 5, le point a, au sommet de la micro-falaise actuelle se retrouva au niveau des basses mers. Déjà, il était susceptible d'être balayé par les vagues et les poussées glacielles le chevauchaient. Avec l'émersion progressive jusqu'au niveau actuel des hautes mers (II), le secteur a-b fut de plus en plus soumis aux cycles gélivaux et le débitage de la roche en fut favorisé. Les poussées glacielles, actives selon nos observations jusqu'à environ 4−5 m au-dessus du niveau marin, évacuaient les macro-gélifracts. Le temps requis pour le relèvement du continent du niveau I au niveau II constitue nécessairement la durée totale d'évolution de la forme. Sachant que le taux d'émersion des terres est actuellement de 1 cm/an selon des calculs récents, le temps «t» requis pour creuser cette aire de débitage fut de:

$$(1) \qquad t = \frac{(N_I - N_{II})}{E}$$

où N_I et N_{II} sont respectivement l'altitude en cm du niveau I et du niveau II et E le taux d'émersion en cm/an. Dans l'exemple de la fig. 5 $N_I = 500$ cm, $N_{II} = 0$ et $E = 1$ cm/an; le temps requis est donc de 500 ans.

Le volume de roche évacuée dans les aires de débitage littoral peut être mesuré par rapport aux lambeaux de surface glaciaire témoin qui subsistent tout autour. Ainsi l'aire utilisée en exemple (aire no 6, tab. 2) fait 40 m de longueur (perpendiculairement à la côte), 12 m de largeur et 1,5 m de profondeur pour un volume total de 720 m³ ou, selon un poids spécifique du basalte de 2,92 gr/cm³, environ 2100 tonnes métriques. Etalé sur une période de 500 ans, le taux d'érosion annuel moyen est de 1,4 m³, c'est-à-dire l'équivalent de 2 ou 3 macro-gélifracts par année.

Les taux estimés pour d'autres aires se situent entre 2 et 3 m³/an (tab. 2). Ces taux doivent représenter les vitesses maximales d'érosion puisqu'il s'agit d'aires de débitage concentré. L'érosion est forcément moins rapide dans les aires de débitage dispersé et elle est donc fort variable d'un endroit à l'autre le long de la côte. Par ailleurs, ces vitesses d'érosion ne sont que des moyennes étalées sur des périodes de temps calculées. Or, il n'est

Tableau 2.   Estimation des taux d'érosion littorale dans des aires de débitage concentré

No	Endroit	Volume (m³)	$N_I - N_{II}$ (cm)	Taux m³/an	Remarques
1.	Ile Bill of Portland	899	295	3	Secteur plus densément fissuré que l'ensemble. Site très exposé aux vagues
2.	Ile Castle	607	195	3	Comblée en partie de graviers et de blocs
3.	Ile sans nom dans le passage Boat	475	160	2,9	–
4.	Ile Castle	846	400	2,1	–
5.	Presqu'île de Manitounuk	288	100	2,9	Gros blocs glaciels allochtones, galets
6.	Ile Castle	720	500	1,4	–

Pour la localisation de ces aires, voir la fig. 1

pas impossible que le gros du travail soit accompli en un nombre limité des saisons glacielles particulièrement dures à l'intérieur de la période considérée. D'autre part la fig. 6a montre le développement d'une plate-forme d'érosion dont la falaise, aujourd'hui morte, fut soulevée par le relèvement isostatique tandis que le démantèlement de la surface basaltique s'est poursuivi de façon continue. La fig. 6b montre l'équivalent dans les granites gneissiques. Par ailleurs, il n'est pas absolument certain que le taux d'émersion soit si uniforme à travers les siècles. Il est en effet probable que le relèvement isostatique se poursuivre par petites saccades (HILLAIRE-MARCEL 1980). Les falaises sub-actuelles et les aires de débitage pourraient alors être associées à de courtes phases de stabilité relative ou de ralentissement du relèvement, ou encore, le taux d'érosion pourrait être accru durant de telles périodes et réduit durant les périodes d'émersion plus rapide.

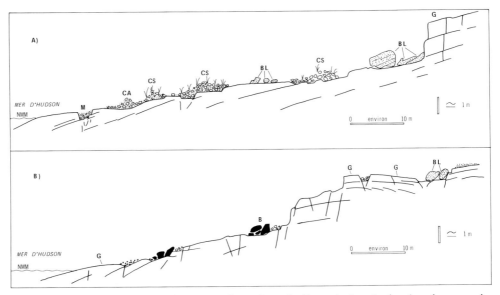

Fig. 6. A) Croquis schématique d'une plate-forme littorale découpée dans les basaltes du revers de cuesta des îles Manitounuk: M – marmite littorale; CA – cordon littoral actuel; CS – cordons soulevés; BL – blocs soulevés couverts de lichens; G – poli glaciaire. – B) Croquis illustrant les formes résultant de l'érosion des affleurements granitiques de Poste-de-la-Baleine dans le contexte de l'émersion en cours.

A) Sketch of a shore platform in the basalt the Manitounuk islands. CA – present-day beach ridge; CS – raised beach ridges; BL – raised lichen-covered boulders; G – glacial polish. – B) Sketch showing the erosional landforms in the granitic outcrops near Poste-de-la-Baleine made in the context of the ongoing uplift.

Les falaises du front de la cuesta

Alors que la gélifraction, les écroulements locaux de la paroi rocheuse et les chutes de blocs sont actifs sur les parois, la formation des encoches marines au pied des falaises relève de mécanismes auxquels participe le pied de glace de falaise. La formation de ce pied de glace fut observée durant deux hivers consécutifs autour de l'île Bill of Portland. L'eau de jaillissement des vagues gèle sur la paroi lorsque la température de l'air est suffisamment basse. La neige s'y accole ainsi que du slush. L'excroissance de glace atteint de trois à six mètres de hauteur et de 30 cm à 3–4 m d'épaisseur sur la paroi (photo 16). Lorsque l'englacement marin est achevé, une fissure de marée longe le pied de la falaise, séparant le pied de glace de falaise de la banquise. Avec les marées, des réajustements et des déformations se produisent le long de cette fissure (NIELSEN 1979).

Indépendant de la banquise, le pied de glace peut donc rester suspendu au-dessus du plan d'eau lorsque celle-ci casse et se disperse au printemps. Lors de la fonte, le pied de glace se détache par blocs, emportant des gélifracts décollés de la paroi, notamment du toit de l'encoche, ou tombés du versant au cours de l'hiver (CORBEL 1958; MOIGN 1976).

Photo 16. Pied de glace de falaise; île Bill of Portland. (Mars 1980).
Cliff ice-foot; Bill of Portland island. (March 1980).

Dans ces conditions, la formation d'encoches ou de «visors» anguleux dépend de nombreux facteurs: la présence de zones de faiblesses structurales, la vitesse de la gélifraction conditionnée par la structure, l'humidité, les fréquences et l'intensité du gel, l'action érosive mécanique du pied de glace pour évacuer les débris et, dans le contexte d'instabilité côtière, de la vitesse d'émersion de la côte.

Les encoches observées exploitent les contacts stratigraphiques et les plans de stratification de la série volcano-sédimentaire. Fait inusité cependant, elles sont rarement horizontales car elles suivent les pentes structurales occasionnées par les larges ondulations anticlinales et synclinales transversales au front de la cuesta ainsi que les pendages apparents dans les couloirs de percées transversales. Ainsi on peut suivre une encoche active au niveau de la mer passant latéralement à un stade subactuel puis à un stade fossile, soulevée en altitude par le relèvement isostatique.

Il découle de ces observations que la gélifraction et l'évacuation des débris par le pied de glace sont des processus suffisamment rapides pour suivre la cadence du relèvement isostatique et que le taux d'érosion verticale dans les encoches doit dépasser largement 1 cm/année.

Conclusions

La région de Poste-de-la-Baleine et des îles Manitounuk se caractérise par des conditions océanographiques et climatiques très propices aux tempêtes, aux poussées glacielles et aux processus de gélifraction. Bien que de très nombreux polis glaciaires échappent à la destruction au cours de l'émersion, il n'en demeure pas moins que de vastes surfaces sont détruites suite au démantèlement de l'affleurement rocheux (photos 17 et 18). Les basaltes protérozoïques des îles Manitounuk sont particulièrement sensibles aux processus littoraux périglaciaires à cause de leur structure quoique les gneiss et les granites archéens de la côte manifestent aussi des évidences de démantèlement littoral périglaciaire.

Les processus abordés dans le présent contribution se déroulent dans le contexte d'une côte qui connaît présentement un des taux d'émersion les plus rapides au monde. Des estimés de taux d'érosion, certes très approximatifs mais fournissant un ordre de grandeur valable à long terme, ont pu être déduits en utilisant la vitesse d'émersion comme cadre chronologique des processus. Suite au relèvement isostatique, des marmites, des aires de débitage et des platiers sont soulevés en altitude où ils continuent d'évoluer en fonction du climat périglaciaire. Comme l'âge de ces formes soulevées est connu grâce à la courbe d'émersion, leur échantillonnage altitudinal fournira une échelle chronologique permettant d'étudier les processus périglaciaires continentaux.

D'autre part, même si certains auteurs ont attribué un rôle minimal aux glaces flottantes par rapport à la gélifraction dans la formation des strandflats (Dionne 1978; Moign 1976), il n'en demeure pas moins qu'avec un taux d'émersion décroissant et tendant vers zéro, l'action combinée de la gélifraction et des glaces flottantes serait peut-être susceptible d'amorcer dans la région étudiée des aplanissements littoraux de superficie bien plus grande qu'actuellement. En effet, en postulant une émersion plus lente, les poussées glacielles pourraient certainement déblayer les abondants gélifracts jusqu'à ce que la plate-forme atteigne une certaine largeur. Les poussées glacielles ne pourraient plus alors s'exercer sur toute sa surface et seraient limitées à sa marge

Photo 17. Vue aérienne de la côte rocheuse parsemée de cavités et de marmites. Au centre, une aire de débitage concentrée remplie de galets de plage.
Aerial view of the rocky shore; Castle island. Numerous pits and cavities are visible. In the center of picture, an area of concentrated rock destruction infilled by shingle.

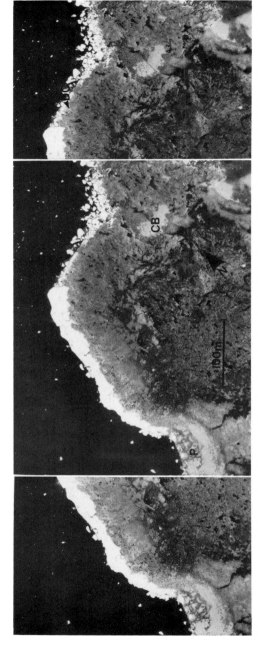

Photo 18. Montage stéréoscopique illustrant l'érosion littorale périglaciaire de la côte granitique de Poste-de-la-Baleine. CB, exemple de champ de blocs dans une dépression; DC, exemple d'aire de débitage concentré. Noter les nombreux blocs dispersés sur la surface rocheuse. Les formes similaires soulevées par le relèvement isostatique sont couvertes de lichens (en gris plus sombre). Les sédiments de plage (P) sont gelés et recouvrent de la glace de rive enfouie Photos Q72837 42-43-44, le 28 juin 1972.

Stereotriplet showing periglacial littoral erosion in granitic shore at Poste-de-la-Baleine. CB, example of a boulder field in a topographic depression; DC, example of an intensive quarrying area. Note the numerous boulders scattered over the rock surface. The similar landforms raised by the isostatic uplift are lichen-covered (dark gray). Beach sediments (P) are still frozen and overlie some burried shore ice. (Q72837-42-43-44, June 28th, 1972).

inférieure. La gélifraction et les vagues pourraient ensuite continuer, plus lentement, le processus d'aplanissement. Dans un contexte comme celui des Manitounuk et de Poste-de-la-Baleine, il nous semble donc, dans l'hypothèse d'une tendance à la stabilité côtière, que les glaces flottantes pourraient jouer un rôle important dans le développement d'aplanissements littoraux, surtout dans leur phase initiale de formation.

Bibliographie

Alestalo, J. & J. Haïkïo (1976): Ice features and ice-thrust shore forms at Luodonselkä, Gulf of Bothnia in winter 1972/73. – Fennia, 144: 1–24.

Allard, M. & P. Champagne (1980): Dynamique glacielle à la pointe d'Argentenay, Ile d'orléans, Québec. – Geogr. Phys. Quat., 34, 2: 159–174.

Andrews, J. T. (1970): A geomorphological study of post-glacial uplift with particular reference to Arctic Canada. – Int. British Geogr. sp. publ. 2, 156 p.

Bégin, Y. (1981): Le glaciel actuel et ancien sur les rivages de Poste-de-la-Baleine, Québec subarctique. – Univ. Laval, thèse de maîtrise, 186 p.

Bégin, Y. & M. Allard (1981): La dynamique glacielle à l'embouchure de la Grande rivière de la Baleine au Québec subarctique. – Cons. nat. rech. du Canada; comité associé de la recherche sur l'érosion des rivages et l'ensablement; atelier sur le glaciel en milieu littoral; Rimouski, 5–6 mai 1981, 14 p.

Biron, S. (1972): Pétrographie et pétrochimie d'un gîte de pépérites spilitiques des environs de Poste-de-la-Baleine, Nouveau-Québec. – Univ. Laval, thèse de maîtrise, non publiee, 85 p.

Botteron, G., C. Gilbert, C. Locat & J. T. Gray (1979): Observations préliminaires sur la répartition du pergélisol dans le bassin de la grande rivière de la Baleine, Nouveau-Québec. – Geogr. phys. Quat., 32, 3–4: 291–298.

Cailleux, A. & L. E. Hamelin (1969): Poste-de-la-Baleine (Nouveau-Québec): exemple de géomorphologie complexe. – Rev. geom. dyn., 19, 3: 129–150.

Canada, Pêches et Océans (1981): Table des marées et courants du Canada. Volume 4, l'Arctique et la baie d'Hudson. – Publ. annuelle, 51 p.

Centreau (1980): Analyse statistique du niveau d'eau dans le détroit de Manitounuk. – Univ. Laval, Centre de rech. sur l'eau, rapport no CRE 80/81, 158 p.

Chandler, F. W. & E. J. Schwarz (1980): Tectonics of the Richmond Gulf Area, Northern Québec – A hypothesis. – Current Research, Part C. Geol. Surv. Can., Paper 80-1C, p. 59–68.

Corbel, J. (1958): Les karsts de l'est canadien. – Cah. Géogr. Québec, 4: 193–216.

Danielson, E. W. (1971): Hudson Bay ice conditions. Arctic, 24, 2: 90–107.

Dionne, J. C. (1978a): Le glaciel en Jamésie et en Hudsonie, Québec subarctique. – Géogr. Phys. Quat., 32, 1: 3–70.

– (1978b): Formes et phénomènes périglaciaires en Jamésie, Québec subarctique. – Géogr. Phys. Quat., 32, 3: 187–248.

– (1976): L'action glacielle dans les schorres du littoral oriental de la baie de James. – Cah. geogr. Qué., 20, 50: 303–326.

– (1973): Distinction entre stries glacielles et stries glaciaires. – Rev. geogr. Montréal, 27, 2: 185–190.

– (1972): Caractéristiques des schorres des régions froides, en particulier de l'estuaire du Saint-Laurent. – Z. Geomorph., Suppl. 13: 131–162.

– (1970): Aspects morpho-sédimentologiques du glaciel, en particulier des côtes du Saint-Laurent. – Paris, Sorbonne, thèse doct., 412 p.: aussi Laboratoire de recherches forestières des Laurentides (Québec) rapport d'information Q-F-X-9, 324 p.

EMBLETON, C. & C. A. M. KING (1975): Periglacial geomorphology. – Ed. Arnold, London, 203 p.

FILION, L. & S. PAYETTE (1978): Observations sur les caractéristiques physiques du couvert de neige et sur le régime thermique du sol à Poste-de-la-Baleine, Nouveau-Québec. – Geogr. phys. Quat., **32**, 1: 71–79.

FILION, L. & S. PAYETTE (1976): La dynamique de l'enneigement en région hémi-arctique, Poste-de-la-Baleine, Nouveau-Québec. – Cah. géogr. Québec, **20**, 50: 275–302.

FRENCH, H. M. (1976): The periglacial environment. – Longman, London and New York, 309 p.

GODIN, G. (1975): Les vagues de tempête dans la baie de James. – Naturaliste Can., **102**, 2: 219–228.

GUILCHER, A. (1954): Géomorphologie littorale et sous-marine. – Paris, P.U.F., 216 p.

GUIMONT, P. & C. LAVERDIÈRE (1980): Le sud-est de la mer d'Hudson: un relief de cuesta. – In S. B. MCCANN (ed.): The coastline of Canada. – Geol. Surv. Can., paper **80–10**: 303–309.

HACHEY, H. B. (1954): The hydrography of Hudson Bay. – Trans. Can. Royal Soc. no **58**, ser. 3: 19–23.

HILLAIRE-MARCEL, C. (1980): Multiple component post glacial emergence, Eastern Hudson Bay, Canada. – In N. A. MÖRNER (ed.): Earth Rheology, Isostasy and Eustasy. – Wiley, New York, p. 215–230.

– (1976): La déglaciation et le relèvement isostatique sur la côte est de la mer d'Hudson. – Cah. géogr. Qué., **20**, 50: 185–220.

HILLAIRE-MARCEL, C. & B. DE BOUTRAY (1975): Les dépôts meubles holocènes du Poste-de-la-Baleine, Nouveau-Québec. – Nordicana, **38**, 52 p.

HUME, J. D. & M. SCHALK (1976): The effects of ice on the beach and nearshore. Point Barrow, Arctic Alaska. – Rev. géogr. Montréal, **30**, 1–2: 105–114.

– – (1964): The effect of ice-push on Arctic beaches. – Amer. Jour. Sci., **262**, 2: 267–273.

HUSTICH, I. (1951): On the forests on the East Coast of Hudson Bay. – Acta geographica, **11**, no 1.

Hydro-Québec (1980): Rapport final des relevés en continu des variations des niveaux d'eau au 4 stations marégraphiques. – Relevés techniques, hydrométrie, Projet: complexe Grande Baleine.

KING, C. A. M. & R. A. HIRST (1964): The boulder-fields of Äland Islands. – Fennia, **89**, 2: 5–41.

KRANCK, S. H. (1951): On the geology of the east coast of Hudson Bay and James Bay. – Acta geographica, Helsinki, **11**, (51–2): 1–77.

LAGAREC, D. (1976): Champs de blocs glaciels actuels et anciens au golfe de Richmond, Nouveau-Québec. – Rev. géogr. Montréal, **30**, 1–2: 221–226.

LAVERDIÈRE, C., P. GUIMONT & J. C. DIONNE (1981): Marques d'abrasion glacielles en milieu littoral hudsonien, Québec subarctique. – Géogr. phys. Quat., **35**, 2: 269–277.

LINELL, K. A. & J. C. F. TEDROW (1981): Soil and permafrost surveys in the Arctic. – Clarendon Press, Oxford, 279 p.

LOW, A. P. (1903): On an exploration of the east coast of Hudson Bay from Cape Wolstenholme to the south end of James Bay. – Geol. Surv. Canada, Annual Report, report D, **1900**, p. 5D–85D.

MANSIKKANIEMI, H. (1976): Ice action on the sea-shore, southern Finland: Observations and experiments. – Fennia, **148**: 1–17.

MAYCOCK, P. F. (1968): The flora and vegetation of southern Manitounuk Islands, southeast Hudson Bay, and a consideration of phytogeographical relationships in the region. – Nat. Can., **95**, 2: 423–468.

MOIGN, A. (1976): L'action des glaces flottantes sur le littoral et les fonds marins du Spitsberg Central et Nord Occidental. – Rev. Géogr. Montréal, **30**, 1–2: 51–64.

NIELSEN, N. (1979): Ice-foot processes. Observation of erosion on a rocky coast, Disko, West Greenland. – Z. Geomorph., **23**, 3: 321–331.

OWENS, E. H. & S. B. MCCANN (1970): The role of ice in the arctic beach environment with special references to Cape Rickets, Southwest Devon Island, Northwest Territories, Canada. – Amer. Jour. Sci., **268**: 397–414.

PAYETTE, S. (1975): La limite septentrionale des forêts sur la côte orientale de la Baie d'Hudson, Nouveau-Québec. – Nat. Can., **102**: 317–329.

PAYETTE, S. & D. LAGAREC (1972): Observations sur les conditions d'enneigement à Poste-de-la-Baleine, Nouveau-Québec. – Cah. géogr. Qué., **16**, 39: 469–481.

PLAMONDON-BOUCHARD, M. (1975): Caractéristiques et fréquence des nuages bas à Poste-de-la-Baleine en 1969. – Cah. géogr. Qué., **19**, 47: 311–330.

SANGER, F. J. (1963): Degree-days and heat conduction in soils. – Proc. Int. conf. on Permafrost, Nat. Academy of Science (USA) and National Research Council (Canada), publ. no **1287**: 253–262.

TAYLOR, R. B. (1980): Coastal environments along the northern shore of Somerset Island, District of Franklin. – In S. B. MCCANN (ed.): Coastline of Canada G.S.C. paper **80–10**: 239–250.

– (1978): The occurrence of grounded ice ridges and shore ice piling along the northern coast of Somerset Island, N W T. – Arctic **31**, 2: 133–149.

TAYLOR, R. B. & MCCANN (1976): The effects of sea and nearshore ice on coastal processes in the Canadian Arctic Archipelago. – Rev. Geogr. Montréal, **30**, 1–2: 123–133.

THOMPSON, H. A. (1963): Air temperatures in northern Canada with emphasis on freezing and thawing indexes. – Proc. Int. Conf. in permafrost, Nat. Acad. Sci. (U.S.A.) and National Research Council (Canada) publ. no **1287**: 272–280.

TRENHAILE, A. S. (1980): Shore platforms: a neglected coastal feature. – Progress Phys. geogr., **4**, 1: 1–23.

TRICART, S. & A. CAILLEUX (1967): Le modelé des régions périglaciaires. – Paris, SEDES, 512 p.

WASHBURN, A. L. (1980): Geocryology. A survey of periglacial processes and environments. – Wiley, New York, 406 p.

– (1969): Weathering, frost action and patterned ground in the Mesters Vig district, Northeast Greenland. – Meddelser om Gronland, Kommissionen for videnskabelige undersgelser I Gronland, **176**, 4, 304 p.

WILSON, C. (1968): Notes on the climate of Poste-de-la-Baleine, Québec. – Centre d'études nordiques, Univ. Laval, Nordicana no **24**, 93 p.

ZENKOVITCH, V. P. (1967): Processes of coastal development. – Olivier and Boyd, London, 738 p.

| Z. Geomorph. N. F. | Suppl.-Bd. 47 | 61–95 | Berlin · Stuttgart | November 1983 |

La dynamique littorale des îles Manitounuk durant l'Holocène

par

MICHEL ALLARD et GERMAIN TREMBLAY

avec 6 figures, 12 photos, 3 tableaux

Zusammenfassung. Die an der Ostküste der Hudson Bay gelegenen Manitounuk-Inseln begannen vor etwa 6000 Jahren aus der Tyrrell-See aufzutauchen. Die anfänglich sehr schnelle Hebung verlangsamte sich später und die Hebungsrate wurde mit 1 m/Jahrhundert in den letzten 2800 Jahren nahezu konstant. Die Inseln haben ein Schichtstufenrelief. Die basaltische Stufenfläche sinkt zum offenen Meer hin ab, während die Stufe, aus Sedimenten und Vulkaniten aufgebaut gegen den relativ geschützten Manitounuk-Sund gerichtet ist. Zahlreiche erosive und akkumulative Küstenformen auf den Inseln können im Vergleich zu den Prozessen untersucht werden, die an der gegenwärtigen Küstenlinie ablaufen. Das Relief und die Sedimente der abtauchenden Stufenfläche weist auf Küstenformungsprozesse während des Holozäns hin, die durch Stürme und Strandeisdruck gewirkt haben. Die Geomorphologie der Sund-Seite belegt eine weniger heftige Küstendynamik durch Lokalwinde und Vereisung am Stufenfuß. Eine Anzahl ^{14}C-Daten verdeutlicht diebeiden morphodynamischen Umweltbedingungen und gibt eine Vorstellung von der Hebung, die ungeachtet der Ungenauigkeiten der benutzten Methode, doch normal und kontinuierlich abgelaufen zu sein scheint.

Trotz der sehr agressiven periglazialen Erosion an der Küste konnte keine Strandterrasse im anstehenden Fels gefunden werden, die mit einem Meeresspiegelstillstand oder einer beachtlichen Verlangsamung der Hebung hätte verbunden werden können.

Es wird abschließend angenommen, daß Häufigkeitsschwankungen in den Strandserien, die von uns und anderen Autoren gemessen worden sind, unterschiedlichen Klimaperioden zugeordnet werden müssen, die durch verschiedene Sturmhäufigkeit und Unterschiede in der Länge der jahreszeitlichen Eisbedeckung wiederspiegeln.

Summary. Located along the eastern coast of Hudson Bay, the Manitounuk islands began to emerge out of Tyrrell sea about 6000 years ago. Rapid in the beginning, the uplift slowed afterwards and the emergence rate remained nearly stationary at about 1 m/century for the last 2800 years. The islands are characterized by a cuesta relief of which the outfacing slope, made of basaltic rocks, dips towards the sea and the front slope, of sedimentary and volcanic rocks, faces the relatively sheltered Manitounuk sound. Numerous shore erosion and accumulation landforms on the islands can be studied by comparison with the processes now evolving along the present shoreline. The landforms and sediments of the dip-slope show a littoral activity based on storms and shore-ice pressures during the Holocene while the geomorphological features in the sound indicate less violent shoreline dynamics based on local winds and cliff ice-foot. Numerous ^{14}C dates illustrate the two morpho-dynamic environments and give a picture of the emergence who, despite imprecisions in the

0044-2798/83/0047-0061 $ 8.75

method used, seems to have been a regular and continuous process. Despite an agressive periglacial shoreline erosion, no strandline in bedrock which could be associated to a sea level standstill or a significant slowing of emergence have been found. It is finally suggested that frequency variations in beach series levelled by other authors as well as by us reflect different climatic periods characterized by variable storminess and variable length of the ice season.

Résumé.   Situées sur la côte orientale de la mer d'Hudson, les îles Manitounuk ont commencé d'émerger de la mer de Tyrrell il y a environ 6000 ans B.P. Rapide au début, le taux d'émersion a diminué et s'est maintenu autour de 1 m/siècle depuis environ 2800 ans B.P. Caractérisées par un relief de cuestas dont le revers, en basalte, s'incline vers la mer et le front, en roches sédimentaires et volcaniques, donne sur un détroit abrité, les îles Manitounuk portent de nombreuses formes d'érosion et d'accumulation littorales soulevées qui peuvent être étudiées à la lumière des processus en cours sur le littoral actuel. Les formes et les sédiments littoraux du revers indiquent une activité littorale basée sur les tempêtes et les poussées glacielles durant tout l'Holocène tandis que les indices géomorphologiques du côté du détroit révèlent une dynamique moins violente, fondée sur les vents locaux et l'action du pied de glace de falaise. De nombreuses datations au ^{14}C mettent en évidence ces deux environnements morpho-dynamiques et permettent d'illustrer l'émersion et le relèvement isostatique qui, malgré les imprécisions de la méthode employée, semblent s'être poursuivis de façon linéaire et presque continuelle. Malgré une érosion littorale périglaciaire très agressive, aucune ligne de rivage dans les basaltes ne témoigne d'une pause ou d'un ralentissement notable de l'émersion qui pourrait être associée à une quelconque fluctuation eustatique. Il est suggéré que les variations dans les séries de plages dressées aussi bien par d'autres auteurs que par nous reflètent des périodes de changements de régime climatique liées à des périodes plus ou moins tempétueuses de l'Holocène ainsi qu'à des périodes où la durée de l'englacement annuel fut plus ou moins longue.

Introduction

Situées le long du littoral sud-est de la mer d'Hudson entre 55° 22′ N et 55° 45′ N, les îles Manitounuk constituent un archipel allongé parallèlement à la côte sur une longueur de 58 km et à 1,5 m de distance de celle-ci (fig. 1). La région étudiée comprend une dizaine d'îles dont les deux plus grandes, l'île Merry et l'île Castle, font 21,5 km et 16 km de longueur respectivement. Les autres îles importantes, situées à l'extrémité sud de la chaîne insulaire, sont l'île Nielsen (3 km) et l'île Bill of Portland (3,5 km). La presqu'île de Manitounuk, qui constitue le prolongement terrestre des îles et présente une morphologie identique a aussi été étudiée.

Des processus originaux d'érosion littorale périglaciaire ont été récemment décrits par ALLARD & TREMBLAY (ce volume) sur le littoral actuel des îles. Les processus en cours et les formes qui en résultent découlent d'un régime particulier de conditions océanographiques et climatiques agissant sur les roches, basaltiques et autres, prédisposées au démantèlement par leur composition et leur structure. Les marmites littorales, les aires de débitage, dispersé et concentré, quelques platiers et falaises sont les principales formes d'érosion observées le long de la côte basaltique (fig. 2) tandis que les falaises dans les quartzites et les dolomies connaissent des écroulements et des chutes de blocs dus à la gélifraction; l'action combinée des cycles gélivaux et du pied de glace de falaise y provoque aussi la formation d'encoches littorales de forme anguleuse. Les tempêtes de l'automne et du début de l'hiver, nombreuses par suite des passages répétés de dépressions atmosphériques, les poussées glacielles et les cycles gels-dégels sont les éléments

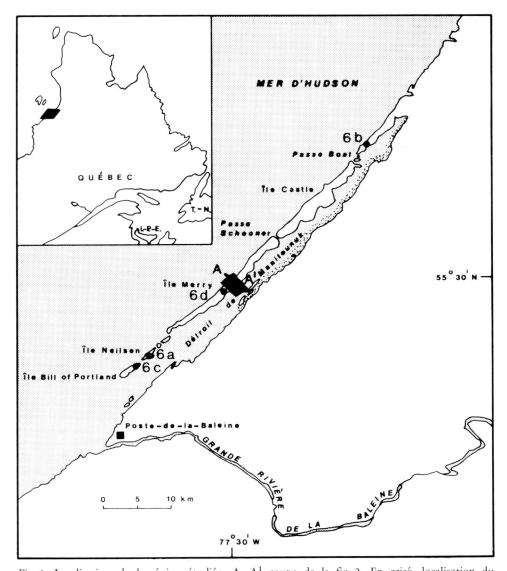

Fig. 1. Localisation de la région étudiée. A – A¹ coupe de la fig. 2. En grisé, localisation du stéréogramme de la photo 6. Les numéros 6 a à 6 d localisent les séries de plages de la fig. 6.

Location of the study area. A – A¹ locates section of fig. 2. Shaded area locates the stereogram of photo 6. Nos 1 to 6 refer to the profiles of beach series of fig. 6.

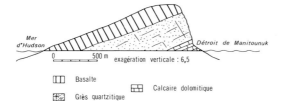

Fig. 2. Coupe topographique et géologique des îles Manitounuk (localisation à la fig. 1).
Topographic and geologic cross-section of Manitounuk islands (for location, see fig. 1).

dominants du régime climatique et océanographique sous lequel évoluent ces formes (tab. 1).

Cette dynamique littorale a cours dans le contexte d'une émersion côtière rapide, voisine de 1 m/siècle, suite à un relèvement isostatique encore inachevé. La submersion post-glaciaire de la région par la mer de Tyrrell ayant atteint les environs de la cote d'altitude actuelle de 280–300 m, les îles Manitounuk, dont le plus haut sommet sur l'île Castle fait 140 m, ont été entièrement submergées. On retrouve, perchées en altitude par le fait du relèvement isostatique, des formes rocheuses d'érosion du même genre que celles qu'on peut observer en formation sur le littoral actuel.

Le premier but du présent travail est de décrire ces formes d'érosion littorale soulevées. La distribution altitudinale en a été étudiée afin de déterminer si des plans de stabilité temporaire du niveau marin relatif ne pourraient pas être indiqués par des lignes de rivages taillées dans le roc. Une suggestion en ce sens avait été faite par KRANCK (1951). En effet, compte tenu qu'il faut théoriquement une période plus longue pour découper dans la roche en place des platiers et des banquettes littorales que pour accumuler des cordons de plage, toute ligne de rivage soulevée et taillée dans le roc serait un meilleur indicateur d'une période de stabilité relative du niveau marin au cours de l'émersion.

Parallèlement à cette étude sur le terrain des formes marines rocheuses, les cordons littoraux et les champs de blocs qui leur sont géomorphologiquement associés ont été étudiés ainsi que les plages et les terrasses marines. De nombreux échantillons de coquillages fossiles et de bois de dérive, prélevés sur les littoraux soulevés, ont permis l'établissement d'un graphique d'émersion pour les quatre derniers millénaires. Cette courbe se compare à celles obtenues par d'autres auteurs (WALCOTT 1980; ANDREWS & FALCONER 1969; WEBBER et al. 1970) utilisant parfois des méthodes différentes (HILLAIRE-MARCEL 1980, 1976).

Compte tenu de la nature des formes littorales soulevées, de leur répartition altitudinale et du style d'émersion révélé par un contrôle géochronologique exhaustif, la part relative jouée dans la morphologie littorale ancienne par les variations du taux d'émersion, les régimes climatiques anciens et l'environnement géologique peut être commentée.

Les descriptions du milieu géologique, climatique et océanographique de la côte sud-orientale de la mer d'Hudson étant déjà abondantes dans la littérature (ALLARD & TREMBLAY, ce volume; BÉGIN, 1981; BÉGIN & ALLARD 1981; CHANDLER & SCHWARTZ 1980; GUIMONT & LAVERDIÈRE 1980; DIONNE 1978a; HILLAIRE-MARCEL 1976; CAILLEUX & HAMELIN 1969; WILSON 1968), l'essentiel des données relatives à la présente contribution est présenté au tab. 1 et à la fig. 2.

Tableau 1.   Données climatiques et océanographiques

Climat

T° moyenne °C:	−4,3°
Moyenne de janvier:	−22,8°
Moyenne d'août:	10,6°
Précipitations:	total 66 cm; liquide 40 cm
Mois le plus neigeux:	novembre (60% des précipitations solides)
Epaisseur de neige au sol:	0−45 cm (revers de cuesta); > 2 m (front de cuesta)
Date moyenne du gel:	25 octobre
Date moyenne de la fonte:	11 mai
Indice de gel:	2356 degrés-jours (°C)
Indice de dégel:	1317 degrés-jours (°C)
Vitesse moyenne du vent:	5,6 m/s (20 km/h)
Direction des vents:	W (été); SE, S, SW (automne); SE (hiver)
Vitesse des vents de tempête:	30−40 km/h (9−12 m/s)
Direction des vents de tempête:	N, NW, W, SW
Saison des principales tempêtes:	mi-octobre à la mi-janvier

Océanographie

T° °C:	9,5° (surface), −1,8° (en profondeur), (août)
Salinité:	23‰ (surface), 32‰ (en profondeur), (août)
* Marnage marégraphique:	1,3 m (morte-eau); 1,9 m (vive-eau)
* Niveau maximum (1980):	1,97 m (fin octobre)
* Niveau minimum (1980):	−1,41 m (début juin)
* Marnage maximum (1980):	3,38 m
Période d'englacement:	de la fin octobre à la mi-janvier (variable)
Période de déglacement:	de la fin avril à mi-juin (variable)
Fetch:	300 km (W); 100 km (NW)

* Valeurs par rapport au niveau moyen de la mer à Poste-de-la-Baleine

Les formes rocheuses soulevées

KRANCK (1951: 26) semble être le seul auteur à avoir décrit clairement des éléments de morphologie littorale soulevée composés de basses falaises mortes au pied desquelles s'étalent de petits platiers recouverts de champs de blocs glaciels. Toutefois, CAILLEUX et al. (1968), en étudiant une surface rocheuse de petite superficie à 77 m d'altitude, à Poste-de-la-Baleine, ont fait mention «d'ébauches de marmites littorales possibles» et discuté du dégagement par endroits de surfaces rocheuses saines qui seraient attribuables à l'érosion littorale et glacielle.

Les formes rocheuses d'origine marine relevées sur les îles Manitounuk consistent en polis glaciels, en marmites littorales, en aires de débitage littoral, en falaises mortes et en encoches de falaises.

Les polis glaciels

Sont regroupées sous ce vocable les marques d'abrasion glacielles, les éraflures et les stries formées lorsque les glaces flottantes armées de débris balaient les surfaces rocheuses. Sur le littoral actuel, ceci se produit durant la période d'englacement du début de l'hiver alors que le pack chevauche le littoral rocheux sous la poussée des vents du large ainsi qu'au printemps alors que les pieds de glace et les crêtes glacielles littorales fondent; les glaçons basculent alors et glissent sur les surfaces rocheuses lisses.

Aisément distinguées des stries glaciaires par leur faible longueur, leur courbure et leurs orientations variables (LAVERDIÈRE et al. 1981; DIONNE 1973), les marques glacielles sont en outre gravées moins profondéement que ces dernières. Il en résulte qu'elles sont plutôt rares en altitude sur les littoraux anciens par suite de altération superficielle, si faible soit-elle. Néanmoins, on les retrouve souvent conservées sous des blocs et autres sédiments littoraux de même qu'au fond de mares et de flaques d'eau (photo 1). Elles sont alors un indice valable de l'origine littorale de la dépression rocheuse dans laquelle on les relève.

Les marmites littorales

Ce terme regroupe une multitude de cavités rocheuses circulaires de diamètres et de profondeurs fort variables. Un premier type a été observé sur deux sites vers 100 m d'altitude sur l'île Castle. La surface rocheuse basaltique inclinée de 4° vers l'ouest est parsemée de petites marmites de 50 cm à 1 m de diamètre, profondes d'au plus 15 cm (photo 2). Une des deux concentrations de marmites voisine un champ de blocs glaciels. Une marmite contient un bloc de granite et plusieurs ont le fond gravé de stries glacielles. Bien que globalement circulaires, la majorité d'entre elles s'évasent légèrement vers le nord-ouest, soit vers la mer d'Hudson, d'où provenaient les vagues quand le site était en position littorale.

Chaque marmite est délimitée par des fissures dissinant en surface un pentagone ou un hexagone et il apparaît par conséquent évident que chacune se trouve ainsi disposée sur le sommet d'une colonne de basalte, le fond de la cavité correspondant à une des fractures conchoïdales transversales aux colonnes. Ce type de marmite, bien que façonné en grande partie par les agents littoraux, doit donc sa forme surtout au contrôle structural de la roche en place.

Les autres cavités circulaires sont de plus grandes dimensions, les petites marmites faisant de 2 à 3 m de diamètre, les plus grandes atteignant une quinzaine de mètres (photo 3). La vaste majorité ont des parois verticales sur presque tout leur périmètre avec une ouverture ou un évasement vers le large. Les profondeurs atteignent 2 m.

Toutefois la profondeur et l'encaissement de certaines grandes marmites peuvent susciter des discussions quant à leur origine exclusivement littorale. En effet, les dépressions fermées à parois verticales aurait pu être excavées au moment de la glaciation; on note aujourd'hui dans ce paysage des buttes rocheuses périglaciaires (DIONNE 1981; PAYETTE 1978; BOURNÉRIAS 1972) dues au «frost heaving» et à la gélifraction et dont le diamètre est comparable à celui des marmites. L'érosion glaciaire de tels amas de gélifracts soulevés aurait pu laisser des cavités. Par contre les marmites en question se découpent nettement à travers les polis glaciaires, ce qui suggère une jeunesse relative, et se retrouvent sur des sites qui furent des littoraux très exposés au cours de l'émersion. Une

Photo 1. Stries glacielles sur une surface basaltique; altitude 22 m.
«Glacielles» striations (drift-ice marks) on basalt at 22 m a.s.l.

Photo 2. Champ de marmites littorales circulaires, ile Castle. Le contrôle structural des joints hexagonaux du basalte est visible.
Shore pans on Castle island. The structural control of hexagonal joints in basalt can be seen.

Photo 3. Marmite littorale soulevée.
Raised shore pool.

Photo 4. Ancienne aire de débitage littoral concentré (le calepin fait 22×29 cm).
Raised rock-quarrying area (a pad provides the scale).

certaine part d'héritage pré-émersion est donc possible quant à l'origine de ces formes qui presque toutes contiennent des blocs allochtones, souvent d'échelle métrique, ainsi que des sables et graviers littoraux. Dans plusieurs cas, les marmites ont continué de s'agrandir depuis leur émersion, les parois reculant par gélifraction et écroulement. Une accumulation périphérique de gélifracts, encerclant les blocs glaciels au centre, tapisse alors le fond de la cuvette au pied de la paroi. Plusieurs contiennent des petits lacs dont un bon nombre s'assèchent progressivement au cours de l'été.

Les aires de débitage littoral

Les aires de débitage sont caractérisées par des surfaces rocheuses saines dégagées suite au démantèlement littoral d'une tranche rocheuse à la surface originellement en poli glaciaire. Deux catégories ont été reconnues sur le littoral actuel: les aires de débitage dispersé où de nombreux lambeaux de la surface glaciaire originelle ont été préservés et les aires de débitage concentré, véritables cavités formant de petites anses ou criques dans la côte rocheuse (ALLARD & TREMBLAY, ce volume). Ce dernier type s'identifie plus facilement à l'état fossile (photo 4) parce qu'il se caractérise par des cavités relativement profondes, en moyenne de 1,5 m à 3 m, bien délimitées spatialement, le plus souvent tapissées de débris littoraux rocheux et contenant de petits lacs (PORTMAN 1971; CAILLEUX et al. 1968). Néanmoins, on peut observer en altitude aussi des surfaces apparentées aux aires de débitage dispersé, alors que dans certains secteurs 50% environ du poli glaciaire originel a disparu de la surface du terrain.

Les aires de débitage concentré apparaissent à toutes les altitudes, du niveau de la mer au sommet des cuestas. Longues de 30 à 50 m (perpendiculairement à l'ancienne ligne de rivage) et larges de 8 à 15 m, ces cavités sont moins profondes que les marmites et sont ouvertes du côté du large. Très fréquemment, on peut en apercevoir une succession de quatre ou cinq disposées en escalier descendant vers la mer. Dans ces cas, il appert qu'un contrôle structural soit en cause, le creusement de ces formes ayant exploité des diaclases de direction perpendiculaire au littoral.

Comme pour les marmites fossiles, plusieurs aires de débitage soulevées contiennent des blocs glaciels, des sables de plage et des gélifracts et sont occupées aujourd'hui par de petites mares.

Les falaises mortes

Il faut distinguer aux Manitounuk deux types de falaises mortes. Il y a d'abord celles du front de cuesta qui, structurales à l'origine, se sont trouvées ennoyées lors de l'invasion de la mer de Tyrrell et qui ont émergé avec le temps. Fausses falaises de plusieurs dizaines de mètres de hauteur et révélant la stratigraphie de la séquence volcano-sédimentaire, elles ont acquis quelques caractères marins, des encoches surtout, avant d'être délaissées et de devenir mortes.

Il y a aussi les petites falaises découpées dans le revers basaltique au cours de l'émersion holocène. Ces petites falaises font de 3 m à 5 m de hauteur. D'étroits platiers ou des aires de débitage de quelques centaines de mètres carrés s'étalent à leurs pieds et sont recouverts de blocs et de galets dans lesquels se dessinent des cordons littoraux (photo 5). Bien que quelques-uns de ces anciens abrupts littoraux se retrouvent à des altitudes variées, ces formes indicatrices d'un temps d'érosion relativement prolongé ou

Photo 5. Falaise morte dans les basaltes à 11 m d'altitude. Un champ de blocs avec cordons littoraux s'étale sur le platier.
Raised cliff in basalt at 11 m a.s.l. A boulder field with storm ridges lies over the shore platform.

d'une vitesse accrue d'érosion se retrouvent en plus grand nombre à de basses altitudes, entre 2 m et 14 m au-dessus du niveau actuel des vagues de tempête, et dans des secteurs largement exposés, c'est-à-dire sur la rive ouest des îles, près des passages entre elles, où une bathymétrie plus profonde permet une attaque plus forte des vagues de tempêtes et favorise les poussées glacielles sur la côte (photo 6).

Des falaises mortes de basse altitude se retrouvent aussi à l'île Bill of Portland, où existent, incluses dans les basaltes, des passées de lave très friable et sillonnée de veinules de calcite. Ces roches sont plus gélives que les basaltes encaissants et plus facilement érodables par les vagues. Des éboulements post-émersion se sont produits le long de plusieurs falaises mortes. Les débris anguleux recouvrent alors les matériaux de plage accumulés au pied des parois (photo 7).

Les encoches littorales

Les abris sous roche sont nombreux dans les hautes falaises mortes du front de cuesta où ils ont été creusés dans les zones de faiblesse structurale que sont les contacts stratigraphiques entre les dolomies et les quartzites, entre les quartzites et les basaltes, entre les coulées de lave superposées, dans les plans de stratification, et ainsi de suite (photo 8). Comme noté auparavant, les encoches ne sont pas toujours horizontales puisqu'elles suivent les pendages des faiblesses structurales qu'elles exploitent, ce qui indique une érosion littorale rapide, gardant le pas avec le relèvement isostatique. D'autres cavités à la base de petits abrupts et de falaises mortes s'observent ici et là. A l'occasion, on

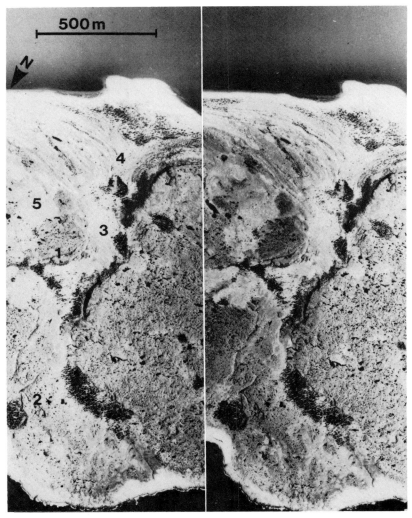

Photo 6. Stéréogramme. La vallée centrale est un ancien passage entre deux îles. 1- falaises mortes; noter la localisation autrefois très exposée de ce site à l'entrée de l'ancien détroit. 2- falaises mortes dans le fond d'une ancienne baie. 3- paléo-tombolo à 53 m avec lignes de rivage. 4- paléo-tombolo à 38 m. 5- champ de blocs. Les innombrables petits lacs occupent presque tous d'anciennes marmites ou aires de débitage littoral.

Stereogram. The central valley is a former channel between two islands. 1- raised cliffs: note their location at a very exposed site near the entrance of the former passage. 2- raised cliffs in an ancient bay. 3- paleo-tombolo at 53 m with beach ridges. 4- paleo-tombolo at 38 m. 5- boulder field. The vast majority of the numerous small lakes are in raised shore pools and rock quarring areas.

Photo 7. Eboulis d'une falaise morte sur des plages soulevées.
Rockfall from a dead cliff onto raised beaches.

Photo 8. Abri sous roche fossile exploitant une zone de faiblesse structurale, soit le contact entre deux bancs de lave.
Raised (10 m) cave on a structural weakness zone (contact between two lava flows).

trouve à l'intérieur des cailloux et galets émoussés de natures lithologiques variées, ce qui en démontre bien l'origine littorale. En quelques occasions, des encoches et abris sous roche, masqués par des éboulements post-émersion ont pu être dégagés à la base de falaises mortes.

Distribution altitudinale

Les explorations de terrain, les survols et l'analyse de photos aériennes n'ont pas permis, à part l'abondance relative de quelques falaises mortes aux niveaux très récents, de mettre en évidence des alignements de formes d'érosion littorale parallèles aux courbes de niveau. En effet, les surfaces rocheuses apparaissent parsemées d'une multitude de petits lacs dont la majorité occupent des marmites et des aires de débitage soulevées (photo 6).

Les formes littorales d'accumulation

Trois environnements sédimentaires très différents les uns des autres se caractérisent par des formes d'accumulation qui leur sont propres. On distingue le revers de cuesta, le front de cuesta et les baies localisées dans les percées conséquentes et ouvertes sur le détroit de Manitounuk.

Le revers de la cuesta

Les surfaces basaltiques du revers de cuesta s'inclinent vers la mer d'Hudson et sont demeurées fortement exposées aux vagues du large et aux poussées glacielles tout au long de l'émersion. Les plages et les champs de blocs y possèdent des caractéristiques sédimentologiques et morphologiques qui les mettent en relation avec les nombreuses formes d'érosion littorales réparties sur ce versant. Pour les fins de la description, il convient de distinguer les blocs isolés, les semis de blocs, les champs de blocs et les séries de cordons littoraux.

Les blocs isolés

Ces blocs, dispersés ici et là, reposent directement sur la surface rocheuse. Ils consistent généralement en méga-blocs de 2 à 4 m de diamètre bien qu'un grand nombre de blocs plus petits s'observent aussi. Dans 90% des cas, il s'agit de blocs de nature lithologique différente du substrat basaltique; les granites et gneiss subarrondis représentent de 60% à 80% des éléments selon les endroits tandis que viennent en deuxième ordre d'importance les mégablocs de calcaires dolomitiques suivis enfin par les blocs autochtones.

Les blocs isolés reposent en proportions comparables soit sur des surfaces à poli glaciaire, soit sur d'anciennes surfaces de débitage littoral. Dans le premier cas, il peut s'agir d'erratiques bien que l'origine glacielle ne puisse être exclue car, en prenant comme exemple le littoral actuel, on sait que les glaces flottantes poussent, transportent et abandonnent des blocs isolés sur les surfaces glaciaires. Dans le second cas, l'origine glacielle ne fait aucun doute, car la surface sur laquelle les blocs reposent est d'origine littorale. Par contre, il faut se rappeler que presque tous les blocs et sédiments clastiques

Photo 9. Semis de blocs glaciels.
Concentration of drifted boulders.

allochtones étaient à l'origine glaciaires et qu'ils ont été ensuite délavés et complètement remaniés par la mer.

Les semis de blocs

Ce sont des accumulations étendues sur quelques centaines de mètres carrés et ne comprenant que quelques dizaines de blocs non entassés les uns sur les autres (photo 9). Un semis comprend dans la plupart des cas un ou quelques méga-blocs de taille supérieure à 1–2 m environné de blocs et de galets plus petits. Disposés surtout sur les aires de débitage dispersé, les blocs et galets sont encastrés dans les petits creux de la surface rocheuse dont la topographie est irrégulière. Les proportions des divers constituants lithologiques des semis sont du même ordre que pour les blocs isolés. L'origine glacielle de ces semis ne fait pas de doute et l'insertion des petits blocs et des galets dans les creux de la surface rocheuse indique probablement un transport à la base de radeaux de glace poussés sur la côte et accompagné d'un piégeage basal par les anfractuosités de la micro-topographie.

Les champs de blocs

Plusieurs genres de champs de blocs ont été identifiés en Jamésie et en Hudsonie (DIONNE 1978b; LAGAREC 1976). La quasi-totalité de ceux qu'on retrouve aux îles Manitounuk appartiennent évidemment à la catégorie des champs de blocs littoraux.

Ces accumulations serrées de blocs, galets et cailloux aux surfaces planes se localisent toujours en terrain déprimé, qu'il s'agisse d'un petit champ de quelques dizaines de mètres carrés dans une ancienne aire de débitage ou d'un vaste champ tapissant le fond d'une concavité topographique de plusieurs centaines de mètres de largeur. Souvent, les champs de blocs s'étalent au pied de falaises mortes.

Comme le revers des îles Manitounuk présente dans l'ensemble des versants plus uniformes que le relief granitique du continent autour de Poste-de-la-Baleine, on n'y relève que peu de champs de blocs concentrés dans des axes de fractures ou étagés de cordons littoraux (PORTMANN 1971; DIONNE 1978 b; BÉGIN & ALLARD, 1982) et comme en ont décrits KING & HIRST (1964) aux îles Äland en Finlande.

Sédimentologiquement, deux sortes de champs de blocs littoraux se distinguent aux îles Manitounuk. Dans le premier type, les matériaux consistent en blocs de 25 cm à 30 cm de dimension moyenne qui, lorsqu'ils sont de forme aplatie, reposent à plat en surface du champ et recouvrent des galets et des cailloux en dessous. De gros blocs, cependant moins nombreux qu'en surface, se retrouvent parfois dans les couches profondes de l'accumulation. L'épaisseur de cailloux accumulés atteint environ 1 m en moyenne sur la roche en place. Ce premier type regroupe surtout les petits champs de blocs situés dans d'anciennes zones de débitage littoral.

Les champs de blocs du second type s'étalent généralement sur de vastes superficies (photo 6) et consistent en un dallage de pierres d'un seul rang d'épaisseur recouvrant des graviers littoraux.

Ces deux types de champs de blocs littoraux, mais surtout le second, sont fossilifères. En effet, dans certains cas il est possible d'y retrouver des fragments coquilliers lorsqu'on retourne les blocs en surface et qu'on creuse dans les graviers ou les galets en-dessous. L'unique espèce rencontrée est *Mytilus edulis*. Ce pélécypode vit en abondance dans la zone intertidale actuelle où il s'accroche surtout aux blocs et aux galets formant parfois des agglomérations denses. Sur les affleurements rocheux, on le trouve en moindre abondance et essentiellement dans les anfractuosités protégées de l'attaque directe des agents marins. Des fragments nombreux, charriés par les glaces flottantes avec les blocs, par les vagues et par le vent se retrouvent sur les plages caillouteuses. A des altitudes basses, en-deça de 15 m, du bois de dérive peut aussi être trouvé bien enfoui sous les blocs.

Quant aux constituants lithologiques, ils consistent selon des proportions variables en éléments archéens, toujours émoussés, et protérozoïques en général anguleux (tab. 2); chez ces derniers, les calcaires dolomitiques constituent un apport extérieur émoussé mais souvent éclaté en plaquettes tranchantes par la gélifraction tandis que les basaltes anguleux et en voie de gélifraction proviennent des affleurements de l'environnement immédiat.

Les cordons littoraux

On retrouve deux variantes de cordons littoraux selon qu'ils se présentent sur le versant rocheux ou qu'ils sont modelés dans des dépôts meubles épais. Les cordons sur le roc se composent presque uniquement de blocs de mêmes dimensions et nature que ceux des champs de blocs; plusieurs sont gélifractés et présentent des arêtes coupantes. Les cordons de ce type sont d'extension latérale limitée et rares sont les sites où on peut les suivre sur plus de 400–500 m de distance. Disposés en séries marquant des niveaux marins successifs, la pente générale sur laquelle ils s'étalent dépend du contrôle topographique du roc sous-jacent qui souvent affleure dans les creux entre les cordons. Des fouilles systématiques ont permis d'y prélever, enfouis sous les blocs, de nombreux fragments de *Mytilus edulis* ainsi que du bois de dérive aux basses altitudes.

Tableau 2.   Constituants lithologiques des champs de blocs

No	Laves et basaltes	Grès et quartzites	Calcaires dolomitiques	Granites et gneiss	Remarques
1	88%	4%	2%	6%	Petit champ de blocs de 15 m de diamètre cerné d'affleurements de basalte
2	93%	0%	1%	6%	Site comparable au premier
3	63%	4%	2%	31%	Champ vaste; à distance de la roche en place
4	46%	8%	5%	41%	Champ vaste au sommet de la cuesta
5	17%	0%	11%	72%	Champ très vaste; un seul petit affleurement de basalte dans les environs immédiats

Les cordons formés dans d'importantes accumulations sablograveleuses se présentent en séries plus longues et continues (photo 10). Ils consistent en galets, cailloux et petits blocs de 15 cm à 20 cm en surface recouvrant la plupart du temps des granules, des sables et du gravier fin. Ils sont virtuellement non fossilifères.

Les formes littorales d'accumulation

Lorsqu'ils sont accrochés à des affleurements rocheux à une de leurs extrémités, ou même aux deux, les cordons soulevés dessinent d'anciennes formes littorales: cordons bouclés, ancienne lagunes, tombolos. Les formes subactuelles et actuelles (photo 11) constituent de bons exemples de ce qu'on peut retrouver en altitude.

Par ailleurs, grâce à la comparaison avec la morphologie des plages actuelles, il apparaît évident que les cordons soulevés correspondent à des crêtes édifiées par les tempêtes au haut des plages. Le schéma de la figure 3 montre la disposition des cordons soulevés derrière la plage actuelle. Celle-ci, large d'environ 60 m, a un profil légèrement concave et se termine par un cordon de tempête dans le haut. Un affleurement rocheux la perce à mi-versant. Un abaissement du niveau marin relatif entraînera lors d'une tempête future l'édification d'un nouveau cordon en contrebas du premier qui se fossilisera et l'ensemble du profil sera décalé vers le bas. Il découle de ceci que la hauteur des cordons soulevés et leur conformation plus ou moins parfaite dépendent en grande partie de la force des vagues de tempêtes qui l'ont édifié, de la direction d'incidence des vagues et de la disponibilité de sédiments dans les environs immédiats.

Photo 10. Série de cordons littoraux dans des dépôts sablo-graveleux épais.
Series of beach ridges in thick sand and gravel deposits.

Photo 11. Tombolo de blocs. La partie centrale au premier plan est maintenant soulevée et inactive. Ile Nielsen; la mer est à droite.
Boulder made tombolo. The central part in foreground is now uplifted and inactive. Nielsen island; Hudson bay is on the right hand side.

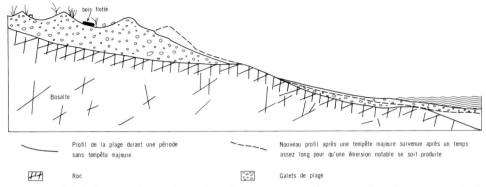

Fig. 3. Modalité d'accumulation de cordons littoraux successifs; plages de galets sur roc. Trait continu; profil des cordons subactuels et de la plage avant une tempête majeure. En tireté; nouveau profil de la plage et nouveau cordon, l'émersion s'étant poursuivie entretemps.

Sketch showing the formation mode of successions of beach ridges; shingle beach over rock. Full line: profile of the recent ridges and the present beach before a major storm. Dashed line: new beach profile and storm ridge; emergence has been going on meanwhile.

Le front de cuesta

De ce côté des îles, trois facteurs régissent la morphologie des plages: les pentes rocheuses fortes (fig. 2), la gélivité des roches et l'importance moindre des vagues dans l'environnement relativement protégé que constitue le détroit de Manitounuk.

En contrebas des parois verticales dans le basalte, on retrouve des versants en escalier dans les quartzites et les calcaires dolomitiques qui s'inclinent vers la mer selon des pentes moyennes de 10° à 15°. En quelques endroits, ces pentes sont recouvertes de sédiments de plage disposés en de nombreux petits cordons (photo 12) très rapprochés les uns des autres.

Les sédiments de ces cordons consistent uniquement en microgélifracts anguleux, de la taille des cailloux (4 mm à 64 mm), et à 95% d'origine locale, étant en effet composés de basaltes, de grès, de quartzites, de cherts et de dolomies. L'infime fraction restante est composée de cailloux arrondis de roches granitiques. A l'occasion, des débris coquilliers y sont retrouvés mélangés à travers les gélifracts. Cependant, le bois de dérive abonde en bas de 16 m d'altitude aussi bien en surface des cordons qu'enfoui dans les sédiments.

Compte tenu de la gélifraction active des roches en place, ces cordons soulevés se sont probablement formés chacun à l'occasion de tempêtes individuelles dont les vagues ont remanié des amoncellements de microgélifracts qui recouvraient les versants rocheux.

Les baies sableuses du détroit

Les percées conséquentes à travers la cuesta ont constitué des passages entre les îles plus nombreuses qu'actuellement alors que les niveaux marins étaient beaucoup plus hauts

Photo 12. Succession de petites plages de gélifracts sur le versant du détroit de Manitounuk.
Series of small beach ridges along the sheltered shore of Manitounuk strait. The beaches are made of angular micro-gelifracts.

qu'aujourd'hui (HAMELIN & CAILLEUX 1973). Avec l'émersion, les courants littoraux ont construit des tombolos reliant ces îles entre elles en accumulant des sables dans ces rentrants de la côte (photo 6).

Ces accumulations sableuses concentrées dans les trouées conséquentes ont été subséquemment modelées en terrasses marines. Aujourd'hui les rivages de ces paléo-tombolos constituent des plages sableuses qui occupent le fond des baies donnant sur le détroit de Manitounuk.

L'altitude des terrasses varie d'un endroit à l'autre. Parmi les niveaux mesurés, celui de 10 m (avec des valeurs variant de 7,5 m à 11,5 m) semble le seul à indiquer une période où le niveau marin relatif aurait pu, sinon demeurer stable quelque temps, au moins marquer un temps de ralentissement au cours de l'émersion. Aux autres niveaux, il appert que la topographie de la roche en place, créant au cours de l'émersion des baies plus ou moins fermées, a imposé un important contrôle à l'accumulation des sables, régissant ainsi la répartition spatiale et altitudinale des terrasses.

Quelques cordons sableux soulevés sont visibles sur la plus basse terrasse, entre le pied du talus et le haut de la plage actuelle. Des tranchées creusées jusqu'à 1,5 m ont permis d'y étudier la stratigraphie. En profondeur, les dépôts de plage consistent en sable grossier et très grossier mal trié dans lequel se dessinent peu de stratifications. Lorsque des lits sont visibles, la stratification est diffuse et est rendue perceptible soit par de légers changements granulométriques soit par des bancs de débris coquilliers mélangés de sable et de 5 à 10 cm d'épaisseur (fig. 4). Les lits s'inclinent alors faiblement vers la mer.

Les espèces identifiées dans ces bancs coquilliers sont nombreuses. Plusieurs datations au ^{14}C sur ces débris ont donné des âges très vieux, ne coïncidant pas avec l'âge prévisible

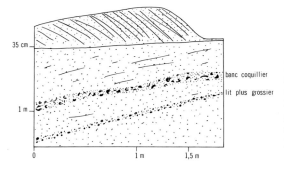

Fig. 4. Stratigraphie et structures sédimentaires des plages sableuses sur le basse terrasse dans les baies du détroit de Manitounuk.

Stratigraphy and sedimentary structures of the sandy beaches in the bays on Manitounuk strait.

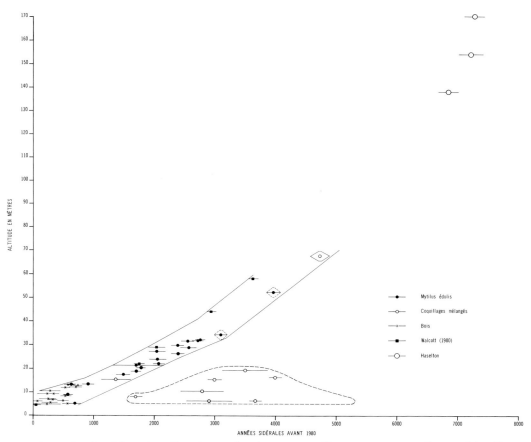

Fig. 5. Courbe d'émersion illustrée par les datations au ^{14}C. Emergence as illustrated by ^{14}C datations.

selon la courbe de relèvement isostatique (fig. 5). Ces débris coquilliers et les sables qui les contiennent proviennent donc du délavage de sédiments littoraux à des niveaux plus élevés et ont probablement été remaniés plusieurs fois avant leur dépôt final.

Une coupe dans un cordon sableux soulevé (fig. 4) montre que ses versants accusent une légère asymétrie tournée vers le haut de plage et qu'il se caractérise par une structure interne entrecroisée, les lits frontaux s'inclinant vers le haut de plage. Une telle structure sédimentaire indique un dépôt en fin de jet de rive des vagues de tempête au haut d'une plage en pente douce dans un sillon derrière le haut de plage.

L'émersion

Méthodes

La méthode suivie pour illustrer l'émersion du socle aux îles Manitounuk est tout à fait traditionnelle et consiste à mettre en relation l'âge radiocarbone de spécimens littoraux datés avec leurs altitudes. Toutefois, cet exercice a permis de vérifier expérimentalement certains aspects problématiques signalés par les divers auteurs (BLAKE 1975; ANDREWS 1970; HILLAIRE-MARCEL 1976) qui ont effectué ce genre de travail auparavant. Par exemple, les données recueillies permettent quelques considérations à propos de la marge d'erreur due à l'âge apparent des mollusques récents. L'imprécision chronologique due aux caractéristiques géomorphologiques des paléo-rivages échantillonnés a pu être déterminée grâce à des datations nombreuses. Enfin, la valeur du bois de dérive comme matériel de datation des rivages anciens de la mer d'Hudson peut aussi être discutée suite aux résultats obtenus.

L'altitude des échantillons prélevés à moins de 125 m du bord de la mer a été mesurée géométriquement avec un ruban à mesurer métallique et un niveau Abney. Au-delà de cette distance, un théodolite fut utilisé et le profil des séries de plages soulevées fut levé (fig. 6). Le calcul de l'erreur de mesure indique qu'elle ne dépasse pas 10 cm pour les déterminations d'altitude jusqu'à une trentaine de mètres. Compte tenu de la grande irrégularité du terrain (par exemple la mire est-elle plantée sur un bloc ou dans un creux entre les cailloux?), on peut estimer que l'erreur d'altitude est nulle à toutes fins pratiques. Le niveau de référence est le niveau moyen de la mer pour l'année 1980. La détermination précise de ce niveau a été rendue possible grâce aux données marégraphiques d'Hydro-Québec qui opère à l'année deux stations, une à Poste-de-la-Baleine et l'autre au centre du détroit de Manitounuk (Hydro-Québec 1980, 1981). Chaque mesure effectuée le fut par rapport au niveau de l'eau et l'heure était alors notée. Ainsi le niveau de la mer en centimètres par rapport au niveau moyen annuel était connu et la correction correspondante appliquée aux mesures. Les corrections apportées varient entre +73 cm et −99 cm et l'utilisation simultanée des deux stations, situées à 20 km l'une de l'autre, a permis de vérifier que la fluctuation du niveau marin d'heure en heure s'effectue avec suffisamment d'uniformité pour les besoins de l'étude. En effet, aux heures correspondantes à nos mesures, la différence de niveau entre les deux stations n'est en moyenne que de 7,6 cm, le maximum étant de 14 cm.

Trois échantillons ont été mesurés différemment parce qu'ils furent prélevés en des endroits difficilement accessibles et loin de la mer (plus de 1 km). Les altitudes des échantillons Qu-1288 et Qu-1289 furent mesurées avec un altimètre à plusieurs reprises (8 à 10) au cours du mois de juillet et la moyenne de ces mesures fut retenue. L'altitude de

82

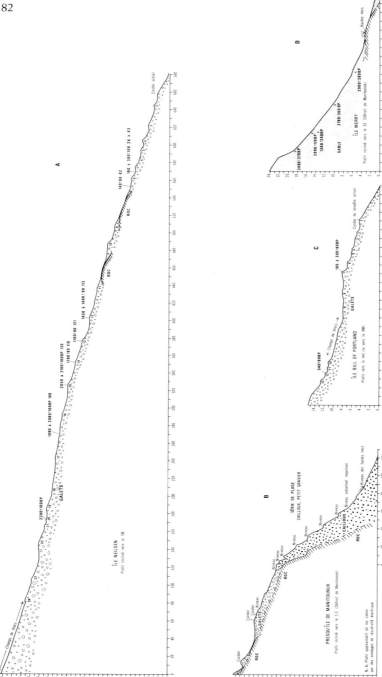

Figures 6. Profils de séries de plages de différentes expositions. a) plages minces de galets sur roc exposées au SW à l'extrémité sud de l'archipel. b) plages minces de galets, partie supérieure et plages de cailloux, partie inférieure, donnant sur le détroit. c) série de plages de galets dans une baie ouverte sur la mer. d) versant sableux sans talus de terrasse bien marqué, dans une baie ouverte sur le détroit de Manitounuk.

Profiles of beach series. a) shallow shingle beaches over rock exposed to SW at the southern end of the archipelago. b) shallow shingle beaches at the top and pebble beaches in the lower part of the profile; exposition to SE, on Manitounuk strait. c) shingle beach flight in a bay on the open sea. d) sandy slope without well-defined bluff in a bay on Manitounuk strait.

l'échantillon Qu-1294 fut mesurée sur photographies aériennes avec une barre à parallaxe. Ces points sur le graphique sont représentés à l'intérieur d'un parallélogramme situant les limites de précision estimées.

Les datations ont été effectuées au laboratoire de géochronologie du ministère de l'Energie et des Ressources du gouvernement du Québec par la méthode du benzène et l'activité du ^{14}C est mesurée par comptage en scintillation liquide (BARRETTE 1980). Les échantillons de bois ont tous été grattés en surface et ont subi un lavage préalable à NaOH (1%) puis à HCl (5%): les échantillons de coquilles n'ont subi que le lavage à HCl. Les datations, toutes présentées au tableau III, tiennent compte du fractionnement isotopique suivant des valeurs standard des δ^{13}C de $- 25 \pm 2$‰ PDB pour le bois et de 0 ± 2‰ PDB pour le carbonate des coquillages. Cette dernière valeur de δ^{13}C, pour les coquillages fut vérifiée sur quatre spécimens de *Mytilus edulis,* soit un des nôtres et trois par LOWDON & BLAKE (1980) (Tab. 3).

Les âges utilisés pour la courbe d'émersion sont les dates corrigées selon la dendrochronologie d'après les tables et la courbe de calibration de RALPH et al. (1973) auxquelles nous avons additionné 30 ans puisque le niveau marin de référence est celui de 1980.

Les marges d'erreur des datations sont indiquées graphiquement (fig. 5) et correspondent à 1 σ. Cette marge a dû être élargie lorsque la courbe de calibration pour la dendrochronologie présentait des inflexions ou des paliers aux âges radiocarbones correspondants.

Deux types d'échantillons de coquillages ont été recueillis. Sur le revers de la cuesta, les fouilles ont été faites dans les champs de blocs et les cordons littoraux en suivant la procédure utilisée par WALCOTT & CRAIG (1975), c'est-à-dire en retournant les blocs en surface et en creusant dans les cailloux en dessous. De très nombreux sites étaient vraiment trop pauvres pour fournir un échantillon suffisant. *Mytilus edulis* est l'espèce rencontrée dans tous les cas (seuls quelques très rares fragments d'autres espèces ont été trouvés) ce qui indique que les conditions autécologiques propres à cette espèce n'ont pas foncièrement changé sur le revers de cuesta au cours de l'émersion. Les coquilles sont désarticulées et brisées. WALCOTT & CRAIG (1975) croient que ces débris coquilliers ont été balayés par le vent sur le haut de plage où ils auraient été piégés dans les interstices entre les cailloux et les blocs. Bien que le vent balaie souvent des coquilles sur le littoral actuel, il nous semble que la plupart des spécimens ramassés ont dû être enfouis sous des blocs poussés par les glaces flottantes. En effet, il n'est pas rare de trouver les coquilles bien nichées dans les dépôts littoraux sous des dalles de basalte et de quartzite de 0,5 m² de surface. Les blocs glaciels étant généralement poussés à la limite des hautes mers et parfois au-delà par les glaces flottantes (ALLARD & TREMBLAY, ce volume), les échantillons de *Mytilus edulis* datés sur le revers de la cuesta de Manitounuk sont fort probablement représentatifs du niveau atteint per les vagues de tempêtes et les poussées glacielles au temps où ils furent enfouis.

Les autres échantillons de coquilles proviennent des plages sableuses et caillouteuses du détroit de Manitounuk. Les coquilles brisées et disposées en bancs dans les sables sont d'espèces variées et regroupées en thanatocénose: *Balanus* sp., *Chlamys islandicus, Hiatella arctica, Hemithyris psittacea, Lepeta caeca, Macoma balthica, Mytilus edulis* et *Portlandia arctica* y ont été reconnues (plusieurs fragments, surtout de gastéropodes, n'ont pas été identifiés).

Tableau 3.　Liste des datations en radiocarbone

Localisation	No. laboratoire	Age ^{14}C, B.P.[1]	Corrigé dendro [2]	Altitude	Matériel daté	Remarques
Ile Castle	Qu-1064	890±100	910±100	13,31 m	*Mytilus edulis*	Champ de blocs
Ile Castle	Qu-1065	3460± 90	3910±100	16,02 m	Coquillages mélangés	6ème cordon soulevé; cailloux; gélifracts anguleux
Ile Merry	Qu-1066	3310±100	3660±100	6,41 m	Coquillages mélangés	Plage de cailloux anguleux
Ile Merry	Qu-1067	4420±100	5160±100	6,41 m	Coquillages mélangés	Diamicton sous-jacent à Qu-1066
Ile Nielsen	Qu-1068	490± 80	570± 80	8,89 m	*Mytilus edulis*	Cordon de galets
Ile Nielsen	Qu-1081	580± 70	630± 70	13,21 m	*Mytilus edulis*	Cordon de galets
Ile Merry	Qu-1082	3160±360	3490±370	19,17 m	Coquillages mélangés	1,8 gr de carbone seulement; sable grossier
Ile Merry	Qu-1083	2780±110	2990±110	15,24 m	Coquillages mélangés	1,8 gr de carbone seulement; sable grossier; 40 cm de profondeur
Ile Merry	Qu-1084	1360±230	1360±240	15,24 m	Coquillages mélangés	0,5 gr de carbone seulement; même site que Qu-1083; 1,70 m de profondeur
Ile Merry	Qu-1085	2560±350	2780±360	10,41 m	Coquillages mélangés	Sable grossier stratifié; 32 cm de profondeur
Ile Merry	Qu-1086	2720±370	2900±380	6,32 m	Coquillages mélangés	Sable grossier; 1 m de profondeur
Ile Merry	Qu-1087	1680±390	1700±400	21,43 m	*Mytilus edulis*	Cordon de galets et de blocs
Ile Bill of Portland	Qu-1088	410± 80	540± 80	11,76 m	Bois	Cordon de galets et blocs. Bois enfoui
Ile Bill of Portland	Qu-1089	Moderne	–	11,80 m	Bois	Moisissures développées sur le bois; bois enfoui; galets
Ile Bill of Portland	Qu-1090	130± 80	180 à 300± 80	7,0 m	Bois	Bois enfoui; galets
Ile Bill of Portland	Qu-1091	Moderne	–	6,97 m	Bois	Moisissures développées sur le bois; bois en surface

Site						
Ile Bill of Portland	Qu-1092	40 ± 80	70 ± 80	6,20 m	Bois	Enfoui; galets
Ile Bill of Portland	Qu-1093	190 ± 90	330 ± 90	6,20 m	Bois	Moisissures développées sur le bois; bois enfoui
Ile Bill of Portland	Qu-1094	70 ± 90	100 ± 90	5,62 m	Bois	Moisissures; bois enfoui
Ile Bill of Portland	Qu-1095	60 ± 80	30 ± 80	4,51 m	Bois	Moisissures; bois enfoui
Ile Bill of Portland	Qu-1096	20 ± 80	55 ± 90	4,51 m	Bois	Moisissures; 2,6 gr de carbone; à demi-enfoui
Ile Nielsen	Qu-1097	2470 ± 100	2720 ± 100	31,71 m	*Mytilus edulis*	Cordon de galets
Ile Nielsen	Qu-1098	2230 ± 100	2380 ± 100	29,94 m	*Mytilus edulis*	Cordon de galets
Ile Nielsen	Qu-1099	2430 ± 100	2490 à 2640 ± 100	28,91 m	*Mytilus edulis*	Cordon de galets
Ile Nielsen	Qu-1100	2026 ± 100	1990 à 2080 ± 100	27,26 m	*Mytilus edulis*	Cordon de galets
Ile Nielsen	Qu-1101	2260 ± 100 (δ^{13}C: +0.5‰)	2390 ± 100	26,57 m	*Mytilus edulis*	Cordon de galets
Ile Nielsen	Qu-1102	2020 ± 100	1990 à 2080 ± 100	23,69 m	*Mytilus edulis*	Cordon de galets
Ile Nielsen	Qu-1103	2050 ± 100	2050 à 2100 ± 100	21,94 m	*Mytilus edulis*	Cordon de galets
Ile Nielsen	Qu-1104	1760 ± 90	1780 ± 90	20,38 m	*Mytilus edulis*	Cordon de galets
Ile Nielsen	Qu-1105	1680 ± 90	1700 ± 90	18,80 m	*Mytilus edulis*	Cordon de galets
Ile Nielsen	Qu-1106	1490 ± 90	1450 à 1490 ± 90	17,26 m	*Mytilus edulis*	Cordon de galets
Ile Nielsen	Qu-1107	720 ± 80	740 ± 80	8,53 m	Bois	Moisissures; cordon de galets
Ile Nielsen	Qu-1108	120 ± 90	180 à 300 ± 100	7,55 m	Bois	Moisissures; cordon de galets
Ile Castle	Qu-1201	210 ± 80	340 ± 80	9,12 m	Bois	Enfoui sous des blocs
Ile Merry	Qu-1202	720 ± 80	740 ± 80	12,86 m	Bois	Enfoui sous des blocs
Ile Merry	Qu-1203	680 ± 80	690 à 720 ± 90	12,86 m	Bois	Même site; à demi enfoui
Ile Merry	Qu-1204	570 ± 90	610 ± 90	12,86 m	Bois	En surface
Ile Merry	Qu-1205	350 ± 80	480 à 510 ± 80	6,32 m	Bois	Morceaux enfouis (cordon actuel à 4,20 m)
Ile Merry	Qu-1206	150 ± 80	220 à 310 ± 80	5,45 m	Bois	Lichens en surface (cordon actuel à 4,20 m); Morceau en surface
Ile Merry	Qu-1207	400 ± 90	540 ± 90	8,90 m	Bois	2 morceaux sous le même bloc, 3ème cordon fossile

Tableau 3. (continue)

Localisation	No. laboratoire	Age ^{14}C, B.P.[1]	Corrigé dendro[2]	Altitude	Matériel daté	Remarques
Ile Merry	Qu-1208	180 ± 80	320 ± 80	6,76 m	Bois	1 morceau, enfoui sous des galets, 2ème cordon fossile
Ile Merry	Qu-1209	160 ± 100	220 à 310 ± 110	4,83 m	Bois	Coeur d'un tronc partiellement enfoui
Ile Castle	Qu-1210	130 ± 100	180 à 300 ± 110	9,12 m	Bois	Morceau de bois partiellement enfoui; même site que Qu-1201
Ile Nielsen	Qu-1211	Moderne	–	5,0 m	Bois	Un morceau en surface (vent?)
Ile Bill of Portland	Qu-1212	150 ± 100	210 à 310 ± 110	10,30 m	Bois	Morceaux enfouis
Presqu'île de Manitounuk	Qu-1288	2860 ± 100	3090 ± 100	34,25 m (anéroïde)	Fragments de Mytilus edulis	Champ de blocs
Presqu'île de Manitounuk	Qu-1289	770 ± 110	760 à 780 ± 110	54,7 m (anéroïde)	Tourbe	Date le début d'entourbement dans un petit lac
Presqu'île de Manitounuk	Qu-1290	3480 ± 100	3940 à 3980 ± 100	52,3 m (anéroïde)	Mytilus edulis	
Presqu'île de Manitounuk	Qu-1291	1590 ± 90	1580 ± 90	1,5 m	Bois	Sous un éboulis; échantillon non littoral
Presqu'île de Manitounuk	Qu-1292	1680 ± 90	1690 ± 90	8 m	Coquillages mélangés	Sable et gravier; échantillon à 1,4 m de profondeur
Presqu'île de Manitounuk	Qu-1293	330 ± 100	460 ± 100	13,5 m	Bois	Sous un éboulis; échantillon non littoral
Presqu'île de Manitounuk	Qu-1294	4270 ± 100	4670 à 4780 ± 100	65 m	Mytilus edulis Hiatella a. Lepeta caeca	Plage de sable et gravier sur roc
Presqu'île de Manitounuk	Qu-1295	2410 ± 90	2480 à 2620 ± 100	31,5 m	Mytilus edulis	
Presqu'île de Manitounuk	Qu-1296	2510 ± 80	2750 ± 80	32 m	Mytilus edulis	

		[1]	[2]			
Presqu'île de Manitounuk	Qu-1297	1830 ± 240	1840 ± 250	$\simeq 50$ m	Sédiments lacustres	Prélevé dans le fond d'une ancienne marmite littorale aujourd'hui occupée par un petit lac
Presqu'île de Manitounuk	Qu-1298	670 ± 80	660 à 720 ± 80	$4,4-5$ m	Mytilus edulis	Petit champ de blocs
Presqu'île de Manitounuk	Qu-1299	480 ± 90	570 ± 80	$4,4-5$ m	Bois	Petit champ de blocs
Ile Castle	GSC-2070	3330 ± 60	3620 ± 60	58 m	Mytilus edulis	Walcott & Craig (1975); Lowdon & Blake (1980)
Ile Castle	GSC-2348	2760 ± 80 ($\delta\,^{13}$C: $+1,4$‰)	2930 ± 80	44 m	Mytilus edulis	Walcott (1980); Lowdon & Blake (1980)
Ile Castle	GSC-2129	2030 ± 60 ($\delta\,^{13}$C: $+0,9$‰)	1930 à 2130 ± 60	29 m	Mytilus edulis	Walcott (1980); Lowdon & Blake (1980)
Ile Castle	GSC-2074	1790 ± 50	1750 ± 50	22 m	Mytilus edulis	Walcott & Craig (1975) Lowdon & Blake (1980)
Ile Castle	GSC-2470	0 ± 60 ($\delta\,^{13}$C: $+0,6$‰)	30 ± 60	cordon littoral actuel	Mytilus edulis	Lowdon & Blake (1980)
Golfe de Richmond	GSC-1261	6430 ± 150	7380 ± 150	172 m	Mytilus edulis	Haselton dans Hillaire-Marcel (1976); Walcott (1980); la correction est appliquée en extrapolant la courbe de calibration
Golfe de Richmond	GSC-1364	6230 ± 220	7210 ± 220	154 m	Mytilus edulis	Haselton dans Hillaire-Marcel (1976); Walcott (1980)
Golfe de Richmond	GSC-1287	6000 ± 160	6840 ± 160	138 m	Mytilus edulis	Haselton dans Hillaire-Marcel (1976); Walcott (1980)

1 calculé de façon standard selon une demi-vie de 5568 ans

2 âge ^{14}C $\times$ 1,03 pour obtenir l'âge sur une demi-vie de 5730 ans, puis corrigé selon la table MASCA $+30$ ans pour tenir compte du niveau marin de référence, soit celui de 1980

Le bois de dérive a donné lieu à trois catégories d'échantillons: les morceaux de bois enfouis, à demi-enfouis et en surface. L'abondance de bois aux altitudes inférieures et souvent la disposition des morceaux de bois en surface des cordons soulevés, c'est-à-dire orientés parallèlement aux crêtes de plage, suggère que même le bois recueilli en surface peut avoir une valeur dans la détermination de l'âge de rivages. Par contre, comme le bois enfoui dans les galets et sous les blocs a nécessairement été déposé en même temps que ces matériaux de plage et qu'il ne risque pas d'y avoir été projeté ultérieurement, nous avons recueilli des spécimens de surface et enfouis sur quelques sites à des fins de comparaison. A quelques endroits, des éclats de bois coincés à une extrémité sous les blocs affleuraient en surface; certains ont été échantillonnés et sont présentés comme à «demi-enfouis» (tab. 3).

Les morceaux de bois ramassés à la surface du terrain consistaient en fragments de troncs, de racines et de branches assez volumineux chacun pour constituer un échantillon datable. Par contre, les morceaux enfouis consistaient en petits éclats de quelques centimètres de longueur seulement. Il faut donc creuser et déplacer quelques tonnes de roches pour ramasser quelques grammes de bois et en récolter une quantité suffisante pour une datation. Les petits éclats de bois étant susceptibles d'avoir des âges différents entre eux par suite des aléas du transport et du dépôt, les âges obtenus sur le bois enfoui constituent en quelque sorte des moyennes sur plusieurs petits fragments.

Quelques cas douteux ont été mis de côté; à cause d'un problème d'humidité dans quelques sacs de plastique, des moisissures se sont formées sur certains échantillons de bois (Qu-1089, Qu-1091, Qu-1093 à Qu-1096, Qu-1107 et Qu-1108). Ces datations sont rapportées au tableau III mais n'ont pas été utilisées pour l'élaboration du graphique d'émersion par crainte d'une contamination du bois par du ^{14}C moderne même si, dans plusieurs cas les âges obtenus étaient concordants avec l'ensemble des données.

Les datations d'autres auteurs ont aussi été retenues. Les âges ^{14}C sur les échantillons DE WALCOTT & CRAIG (1975), rapportées par LOWDON & BLAKE (1980) et corrigées selon la dendrochronologie par WALCOTT (1980), apparaissent sur le graphique (fig. 5). L'altitude de l'échantillon GSC-2470, prélevé sur le cordon littoral actuel, a été portée à 4,2 m ce qui d'après une dizaine de mesures sur le terrain est l'altitude moyenne atteinte par les vagues des crues de tempêtes sur le littoral du revers. Enfin, comme notre échantillonnage était restreint à 65 m d'altitude, trois datations DE HASELTON (non pub.) sur *Mytilus edulis* et tirées de WALCOTT (1980) (voir aussi HILLAIRE-MARCEL 1976) ont été utilisées pour représenter la phase initiale du relèvement isostatique et illustrer le profil d'ensemble de la courbe d'émersion. Ces trois datations proviennent du Golfe de Richmond, à quelque 80 km au nord-est de la région étudiée.

Interprétation des résultats

A première vue (fig. 5), on constate que sur les 9 échantillons de coquillage mélangés recueillis dans les plages sableuses du détroit de Manitounuk, un seul a donné un âge concordant avec la courbe d'émersion qui ne peut être établie qu'avec les échantillons de bois flotté et de *Mytilus edulis* (sauf l'échantillon de 65 m, Qu-1294) provenant des cordons et des champs de blocs du revers de la cuesta. Deux environnements sédimentaires sont donc bien mis en évidence suite à la compilation graphique des datations. On reconnaît d'une part le revers exposé aux vagues de tempêtes de la mer d'Hudson et aux poussées glacielles qui accumulent, à la laisse des hautes mers, des débris rocheux provenant de l'érosion du roc, des galets et des sables du bas littoral ainsi que des débris de mollusques intertidaux. D'autre part, le littoral relativement protégé du détroit de Manitounuk abrite des sables délavées par les vagues sur les versants rocheux avoisinants et contenant des espèces de bathymétrie et d'environnement fort variés. Ces sables avec leurs débris coquilliers ont été souventes fois rebrassés au cours de l'émersion et il arrive encore que les vagues du détroit remanient ces plages, notamment à l'occasion de tempêtes.

La distribution des points sur le graphique suggère qu'après la décroissance du taux d'émersion, celui-ci est demeuré à peu près constant depuis environ 2800 ans selon une valeur de 10,0 mm/an. Ce taux correspond très bien à celui calculé par HILLAIRE-MARCEL (1976) et est voisin de celui du Cap Henrietta-Maria à 12 mm/an (WEBER et al. 1970).

Comme aucun échantillon de bois n'a été retrouvé plus haut que 16 m malgré d'intenses recherches, il n'est pas possible de comparer en altitude les datations sur coquillages avec les datations sur bois, ce qui aurait permis une certaine estimation de l'âge apparent des mollusques fossiles au cours des récents millénaires et ainsi, de cerner l'effet de «vieille eau» (old water) dû au long temps de séjour du carbone dans les eaux profondes des mers boréales (MANGERUND & GULLIKSEN 1975). Toutefois, pour la période de 500 à 800 ans B.P., les âges ^{14}C sur les deux types de matériaux concordent très bien (fig. 5). Deux datations à 4,5 m apparaissent un peu trop vieilles pour leur altitude, soit Qu-1298 (670 ± 80 BP) sur *Mytilus edulis* et Qu-1299 (480 ± 90 BP) sur bois. Les deux échantillons proviennent du même champ de blocs et furent recueillis à l'intérieur d'une superficie de 10 m². L'âge un peu trop vieux des deux spécimens par rapport aux autres reste inexpliqué et est peut-être dû à un facteur de site comme l'exposition ou la pente de la zone infra-littorale susceptibles d'affecter la puissance des vagues et des poussées glacielles. Par contre, la différence d'âge entre les deux échantillons peut varier de 10 à 360 ans tout dépendant des erreurs-types assignées aux datations, avec 190 ans comme différence moyenne. Un tel écart entre mollusques et restes végétaux est identique aux résultats DE BLAKE (1975) dans l'Arctique. Compte tenu de la variabilité altitudinale des âges ^{14}C (qui sera discutée plus loin) et des erreurs-types sur les dates, un vieillissement apparent de 190 ans des mollusques ne peut influencer l'allure générale de la courbe. D'autre part, il faut se rappeler que dans un cas comme dans l'autre, les deux écnantillons consistent en de nombreux fragments, soit de bois, soit de coquilles et que, par conséquent, chacun représente une moyenne susceptible d'être décalée soit vers le passé, soit vers le présent par une certaine «contamination», naturelle dans cet environnement. Il est donc ainsi possible que la différence entre les deux datations ne soit due qu'au hasard. D'autre part, l'âge ^{14}C de 0 ± 60 (GSC-2470) rapporté par LOWDON & BLAKE (1980) pour des coquilles du cordon littoral actuel suggère que l'âge apparent est nul. Enfin, l'alignement parfait des datations sur coquilles avec celles sur bois le long de la courbe d'émersion indique que l'âge apparent des mollusques n'est pas une cause d'erreur significative dans la région étudiée.

Quant aux échantillons de bois, aucune correction n'a été tentée en vue de compenser pour le temps de transport et de dérive jusqu'aux sites échantillonnés. La forêt étant implantée depuis quelques millénaires dans la région, bien des morceaux n'ont pu échouer sur les rivages qu'après un court voyage de quelques dizaines de kilomètres. Par contre, il arrive qu'on trouve le long du littoral actuel des billes de 4 pieds; compte tenu de l'absence d'exploitation forestière sur la façade québécoise dela mer d'Hudson, ces billes ont pu dériver soit depuis l'embouchure de rivières de la baie de James qui drainent les territoires d'exploitation de l'Abitibi et du Nord-Est ontarien, soit depuis la rive ouest de la mer d'Hudson. De tels transports étaient possibles par le passé aussi bien qu'aujourd'hui mais leur durée n'est pas connue, sans compter qu'un même morceau de bois peut être repris et déposé plusieurs fois avant sa mise en place définitive.

Fait à souligner, on n'a pas trouvé de bois plus vieux que 850 ans. Peut-être cela est-il dû au fait que les débris plus vieux ont tous été décomposés. D'autre part, comme les échantillons étaient pour la plupart très petits ou consistaient en éclats, il ne fut pas possible d'éliminer la partie centrale des bouts de branches ou de troncs pour ne dater que la partie externe, plus près du temps de la mort de l'arbre et du dépôt sur le rivage.

Par ailleurs, la comparaison d'échantillons de bois enfouis, semi-enfouis et de surface provenant de mêmes sites indique que les échantillons de surface ont tendance à être plus jeunes. C'est le cas par exemple des échantillons Qu-1202 (enfoui; 720 ± 80 BP), Qu-1203 (à demi-enfoui; 680 ± 80 BP) et Qu-1204 (en surface; 570 ± 90 BP). Il en est de même pour les échantillons Qu-1201 (enfoui; 210 ± 80 BP) et Qu-1210 (à demi-enfoui; 130 ± 100 BP). Le recoupement des erreurs statistiques fait que dans un site donné tout le bois, enfoui et en surface, est virtuellement du même âge. Seule une tendance est réellement discernable. Cependant ces résultats suggèrent aussi qu'ils est possible pour les tempêtes de projeter des débris flottés par-dessus des dépôts de plage mis en place dupuis 150 ans et donc situés à 1,5 m au-dessus du cordon littoral actif. Le vent aussi peut déplacer de petits morceaux de bois. Logiquement, cela doit s'appliquer aussi aux débris de coquilles dispersés sur la plage parles vagues.

Le dessin des courbes enveloppes, tenant en considération les erreurs statistiques des datations, laisse voir que la précision de la méthode par datation au ^{14}C dans la détermination de l'âge d'un niveau marin est d'environ ± 200 ans. Ceci malgré le fait que l'erreur-type soit inférieure à 100 ans pour la plupart des déterminations d'âge. Cette marge d'erreur considérable est due en grande partie à la variabilité altitudinale des échantillons datés. En effet, il est possible que deux sites situés à 10 m d'altitude l'un par rapport à l'autre puissent donner des âges ^{14}C identiques lorsqu'on les échantillonne. Cette dernière valeur est cependant un extrême et dans les faits la dénivellation maximale rencontrée entre deux sites du même âge est plutôt de l'ordre de 3,5 à 4 m. Ces imprécisions ne peuvent toutes, compte tenu de leur ampleur, être attribuées à la méthode de datation et elles ne sont pas dues (du moins pour les échantillons inférieurs à 2800 ans B.P. qui furent mesurés au théodolite) non plus à des erreurs de nivellement. La dynamique littorale holocène est donc en cause.

Discussion

L'allure du graphique (fig. 5) suggère que l'émersion des îles Manitounuk s'est faite à un taux décroissant à partir d'environ 6000 B.P. et puis linéairement à partir d'à peu près 2800 B.P. Il est généralement accepté que cette période de l'Holocène qui dure depuis la fonte finale de l'inlandsis laurentien n'a pas connu d'oscillations eustatiques importantes et que les fluctuations parfois de sens contraires observées le long des côtes du globe répondent à des facteurs autres que la glacio-eustasie comme par exemple l'hydro-isostasie, les changements de marnage des marées (GRANT 1970), les changements de densité de l'eau de mer ainsi que les déformations du géoïde terrestre (MORNER 1980) (voir aussi

LISITZIN 1974 et PIRAZZOLI 1976). Toutefois, la méthode utilisée, fondée sur le ^{14}C, présente une marge d'erreur trop grande pour déceler des oscillations inférieures à 4–5 m.

HILLAIRE-MARCEL (1976, 1980) a démontré que l'étude de la périodicité des plages soulevées au golfe de Richmond pouvait permettre une analyse plus raffinée des changements du taux d'émersion et il a décélé des fluctuations de l'ordre de 2 m s'étalant sur des durées de quelques centaines d'années (voir aussi HILLAIRE-MARCEL & FAIRBRIDGE 1978). La coïncidence de ces oscillations avec des changements climatiques connus et des événements astronomiques a été mise en évidence (FAIRBRIDGE & HILLAIRE-MARCEL 1977). Cependant, nos travaux fondés sur les récents enregistrements marégraphiques de Hydro-Québec (1980, 1981) et les analyses statistiques de CENTREAU (1980) ont bien illustré que les changements de pression atmosphérique entraînaient régulièrement des variations du niveau marin et que les passages de temps cycloniques accompagnés de vent du large pouvaient, en s'additionnant à la marée, provoquer des hausses de près de 2 m au-dessus du niveau moyen de la mer; de plus, l'effet combiné des marées et des changements de pression entraîne au cours d'une même année des variations de niveau de 3,4 m (tab. 1). Il découle donc que les relentissements apparents de l'émersion suggérés par la fréquence plus grande de cordons soulevés à certaines altitudes peuvent correspondre en réalité à des périodes plus tempétueuses de l'Holocène plutôt qu'à des fluctuations eustatiques. Comme l'ont souligné ANDREWS & FALCONER (1969) dans leur étude des terrasses aux îles Ottawa, une ligne de rivage dans les dépôts meubles peut très bien se former durant une période de détérioration climatique de 50 à 100 ans sans qu'une remontée eustatique soit en cause, le socle ne se relevant que de quelques 5–10 décimètres durant ce temps.

Comme les pressions atmosphériques sont en cause, les oscillations enregistrées dans la périodicité des plages peuvent refléter des périodes de variation dans la trajectoire des dépressions atmosphériques au-dessus de l'est de l'Amérique du nord, les tempêtes devenant plus fréquentes et violentes lorsque ces trajectoires passent directement au-dessus de la mer d'Hudson. En effet, la circulation cyclonique qui est un élément fondamental du régime climatique de Poste-de-la-Baleine (WILSON 1968) a connu des changements de latitude par le passé (LAMB 1977).

Inversement, les niveaux où les crêtes de plages sont moins fréquentes peuvent représenter des périodes plus calmes ou peut-être des périodes plus froides durant lesquelles l'englacement automnal était plus hâtif. En effet, on sait par comparaison avec les conditions actuelles que les dépressions atmosphériques, fréquentes à ce temps de l'année, occasionnent les principales tempêtes accompagnées de forts vents de l'ouest. Un englacement hâtif viendrait diminuer l'importance relative des tempêtes et peut-être accroître quelque peu le rôle de bélier mécanique des poussées glacielles. Cette problématique a fait l'objet de recherches concluantes en ce sens dans l'Arctique (HUME & SCHALK 1976; OWENS & McCANN 1970; TAYLOR 1980; TAYLOR & McCANN 1976).

Dans un tout autre ordre d'idées, les données d'émersion des îles Manitounuk ne décèlent pas non plus de saccades ou de variations dans le relèvement isostatique; notons toutefois que l'absence de datations entre 6500 B.P. et 5000 B.P. (en valeurs corrigées par la dendrochronologie) empêche de détecter certaines inflexions possibles durant cette période.

Malgré les grandes vitesses d'érosion observées sur le littoral actuel, aucune ligne de rivage bien marquée n'a été enregistrée dans les formes d'érosion rocheuses, ce qui suggère qu'aucune période de stabilité ou de ralentissement d'émersion n'est intervenue assez longtemps pour façonner à un niveau donné un alignement de falaises mortes, de platiers, d'aires de débitage et de marmites littorales. La répartition de ces formes s'explique presque toujours localement par l'exposition sur le littoral ancien, la topographie préexistante, les faiblesses lithologiques et les prédispositions structurales (photo 6). L'existence des mêmes formes à tous les niveaux indique cependant que les processus d'érosion littorale périglaciaire n'ont jamais changé en intensité durant l'Holocène malgré les fluctuations climatiques.

L'étude de quelques séries de plages nivelées aux îles Manitounuk n'a pas permis de déterminer sur le long terme une cyclicité quelconque comme cela fut fait au golfe de Richmond (HILLAIRE-MARCEL 1976, 1980). Par exemple, les âges (^{14}C corrigés) indiqués au profil «a» de la figure 6 suggèrent que l'intervalle entre deux cordons successifs peut varier de 80 ans (entre les cordons n° 13 et 14) à 250 ans (entre 12 et 13, et entre 14 et 15). La périodicité moyenne au niveau du cordon n° 20, du temps de sa formation à ajourd'hui, est d'environ 119 ans. Par contre, la périodicité au cordon 7, si on prend l'âge possible de 300 ans, devient 43 ans, ce qui est comparable avec les valeurs obtenues au golfe de Richmond. Remarquons que la partie inférieure de ce profil topographique est caractérisée par de nombreux petits cordons dont on ne retrouve pas l'équivalent en altitude; ceci parce que les sédiments sont plus abondants dans le bas, du moins dans le cas de ce profil en particulier. Il en découle que c'est vraisemblablement la faible disponibilité en sédiments qui, ne pouvant assurer un taux de sédimentation uniforme sur les plages à substrat rocheux des Manitounuk, a empêché au cours de l'émersion l'enregistrement dans la géomorphologie de toutes les pulsations de tempêtes.

Ainsi, le profil C de la figure 6 fut quant à lui levé dans une baie ouverte au nord-ouest et bien comblée de galets et de cailloux. La périodicité des plages (540 B.P. au cordon 12 et 300 B.P. au cordon 7) y est de 45 ans. Selon cette périodicité et les datations, l'espace entre le cordon n° 10 et le cordon n° 7, sans cordons nets et caractérisé par un champ de blocs uniforme, aurait été façonné entre 1530 A.D. et 1665–1800 A.D. Cette période correspondant au «Little Ice Age» aurait pu être caractérisée par un englacement automnal plus hâtif. La présence du champ de blocs dans cet intervalle suggère d'ailleurs une importance relative plus grande des poussées glacielles que des tempêtes durant cette période. Séduisante, cette hypothèse qui n'est toutefois fondée que sur un seul profil semble valable car la période en question correspond effectivement à une période d'accélération apparente de l'émersion (HILLAIRE-MARCEL & FAIRBRIDGE 1978, fig. 6), donc de faible fréquence des cordons littoraux.

Conclusions

Le relèvement isostatique et l'émersion holocènes des îles Manitounuk se sont poursuivis à un rythme décroissant (conformément aux modèles généraux de relèvement isostatique) et vraisemblablement sans saccades ou variations notables. Compte tenue de l'influence évidente des variations de pression atmosphérique sur le niveau de la mer, il est permis de douter de l'occurrence réelle de fluctuations eustatiques qui auraient fait varier périodiquement le taux d'émersion. Par contre, l'existence durant l'Holocène de périodes soit plus tempétueuses que la moyenne, soit aux saisons d'englacement plus longues, constitue l'explication la plus satisfaisante aux fréquences variables des crêtes de plages soulevées.

Malgré une érosion littorale périglaciaire très agressive, aucune ligne de rivage fossile bien nette n'est apparente dans la morphologie rocheuse des îles Manitounuk. Par contre, de nombreux indices géomorphologiques et sédimentologiques mettent en évidence le rôle des tempêtes et des poussées glacielles: cordons nombreux et rapprochés lorsque les sédiments abondent, abondance d'éléments autochtones anguleux à proximité des affleurements portant des traces d'érosion, champs de blocs, âge variable du bois et des coquilles dans les cordons et ainsi de suite. L'évidence la plus globale demeure toutefois la différence de dynamique, ancienne comme actuelle, entre d'une part le revers exposé au large, caractérisé par des plages cailouteuses et une morphologie glacielle et d'autre part le front de cuesta où la protection du site a comme résultat des plages de gélifracts non émoussés et des plages sableuses.

Bibliographie

ALLARD, M. & G. TREMBLAY (1983): Les processus d'érosion littorale périglaciaire de la région de Poste-de-la-Baleine et des îles Manitounuk sur la côte est de la mer d'Hudson. Z. Geomorph., suppl. band 44:

ANDREWS, J. T. (1970): A geomorphological study of post-glacial uplift with particular reference to Arctic Canada. – Inst. British Geogr., spec. publ. 2, 195 p., London.

ANDREWS, J. T. & G. FALCONER (1969): Late glacial and post-glacial history and emergence of the Ottawa Islands, Hudson Bay. Northwest Territories: Evidence on the deglaciation of Hudson Bay. – Can. Jour. earth sci., 6: 1263–1276.

BARRETTE, L. (1980): Notions générales sur la datation par le ^{14}C. – Gouv. du Québec, Min. Energie et Ressources, Centre de rech. minér., lab. de géochronol., 24 p.

BÉGIN, Y. (1981): Le glaciel actuel et ancien sur les rivages de Poste-de-la-Baleine, Québec subarctique. – Univ. Laval, thèse de maîtrise, 186 p.

BÉGIN, Y. & M. ALLARD (1981): La dynamique glacielle à l'embouchure de la Grande Rivière de la Baleine au Québec subarctique. – Cons. nat. rech. Canada; comité associé de la recherche sur l'érosion des rivages et l'ensablement; atelier sur le glaciel en milieu littoral; Rimouski, 5–6–mai 1981, 14 p.

– – (1982): Le glaciel de Kuujjuarapik, Nouveau-Québec. – Université Laval, Centre d'études nordiques, Nordicana, 46: 1–100.

BOURNÉRIAS, M. (1972): Pyramides rocheuses d'éjection en milieu périglaciaire, Puvirnituq, Nouveau-Québec. – Rev. géogr. Mont., 26, 2: 214–219.

BLAKE, W. jr. (1975): Radiocarbon age determinations and post-glacial emergence at Cape Storm, Southern Ellesmere Island, Arctic Canada. – Geografiska annaler, 57 A, 1–2: 1–71.

CAILLEUX, A. & L. E. HAMELIN (1969): Poste-de-la-Baleine (Nouveau-Québec): exemple de géomorphologie complexe. – Rev. géom. dyn., 19, 3: 129–150.

CAILLEUX, A., L. E. HAMELIN & Y. CARTIER (1968): Aspects géomorphologiques du carré Roc, Poste-de-la-Baleine, Nouveau-Québec. – Cah. géogr. Qué. 26: 235–245 et Centre d'études nordiques, Université Laval, Mélanges no 22, 13 p.

CENTREAU (1980): Analyse statistique du niveau d'eau dans le détroit de Manitounuk. – Université Laval, Centre de rech. sur l'eau, rapport no CRE 80/01, 158 p.

CHANDLER, F. W. & E. J. SCHWARTZ (1980): Tectonics of the Richmond Gulf Area, Northern Quebec – A hypothesis. – Current research, Part C. Geol. Surv. Can., Paper 80-1C: 59–68.

DIONNE, J. C. (1981): Formes d'éjection périglaciaires dans le bouclier laurentidien. – Rev. geomph. dyn., 30, 4: 113–124.

– (1978a). Le glaciel en Jamésie et en Hudsonie, Québec subarctique. – Geogr. phys. Quat., 32, 1: 3–70.

–   (1978b). Les champs de blocs en Jamésie, Québec subarctique. – Geogr. phys. Quat., **32**, 2: 119–144.

–   (1973). Distinction entre stries glacielles et stries glaciaires. – Rev. Géogr. Montr., **27**, 2: 185–190.

FAIRBRIDGE, R. W. & C. HILLAIRE-MARCEL (1977): An 8000-year paleoclimatic record of the «Double-Hale» 45-year solar cycle. – Nature, **268**: 413–416.

GRANT, D. R. (1970): Recent coastal submergence of the Maritime provinces, Canada. – Can. Jour. earth sci., **7**: 676–689.

GUIMONT, P. & C. LAVERDIÈRE (1980): Le sud-est le la mer d'Hudson: un relief de cuesta. – In S. B. MCCANN (ed.): The coastline of Canada. – Geol. Surv. Can., paper **80–10**: 303–309.

HAMELIN, L. E. & A. CAILLEUX (1973): Succession des types de rivages pendant l'Holocène à Poste-de-la-Baleine, Nouveau-Québec. – Z. Geomorph., **16**, 1: 16–26.

HILLAIRE-MARCEL, C. (1980): Multiple component post-glacial emergence, Eastern Hudson Bay, Canada. – In MORNER N.A. (ed.): Earth rheology, isostasy and eustasy. – Toronto, Wiley & Sons, p. 215–230.

–   (1976): La déglaciation et le relèvement isostatique sur la côte est de la mer d'Hudson. – Cah. géogr. Qué., **20**, 50: 185–220.

HILLAIRE-MARCEL, C. & R. W. FAIRBRIDGE (1978): Isostasy and eustasy of Hudson Bay. – Geology, **6**: 117–122.

HILLAIRE-MARCEL, C. & J. S. VINCENT (1980): Stratigraphie de l'Holocène et évolution des lignes de rivages au sud-est de la baie d'Hudson, Canada. – Paléo-Québec, **11**, 165 p. (réédition du livret-guide, rencontre géologique de la Baie d'Hudson, commission sur les lignes de rivages de l'INQUA, 1979).

HUME, J. D. & M. SCHALK (1976): The effects of ice on the beach and near-shore, Point Barrow, Arctic Alaska. – Rev. Geogr. Montr., **30**, 1–2: 105–114.

Hydro-Québec (1980): Rapport final des relevés en continu des variations des niveaux d'eau aux 4 stations marégraphiques. – Relevés techniques, hydrométrie, Projet: Complexe Grand Baleine.

Hydro-Québec (1981): Rapport des relevés hydrométriques aux quatre (4) stations marégraphiques, 1981. – Relevés techniques, hydrométrie, Projet: Complexe Grande Baleine.

KING, C. A. M. & R. A. HIRST (1964): The boulder-fields of Åland Islands. – Fennia, **89**, 2: 5–41.

KRANCK, S. H. (1951): On the geology of the east coast of Hudson Bay and James Bay. – Acta geographica, Helsinki, **11**, 51–2: 1–77.

LAMB, H. H. (1977): Climate; present, past and future. Volume **2**: climatic history and the future. – Methuen, London, 835 p.

LAVERDIÈRE, C., P. GUIMONT, & J. C. DIONNE (1981): Marques d'abrasion glacielles en milieu littoral hudsonien, Québec subarctique. – Geogr. phys. Quat., **35**, 2: 269–276.

LISITZIN, E. (1974): Sea level changes. – Elsevier oceanography series, **8**, 286 p.

LOWDON, J. A. & W. BLAKE, jr. (1980): Geological survey of Canada, radiocarbon dates XX. – Geol. Surv. Can., paper **80–7**, 28 p.

MANGERUND, S. & S. GULLIKSEN (1975): Apparent radiocarbon ages of recent marine shells from Norway, Spitsbergen and Arctic Canada. – Quat. research, **5**: 263–273.

MÖRNER, N. A. (1980): Eustasy and geoid changes as a function of core/mantle changes. – In MORNER, N. A. (ed.): Earth rheology, isostasy and eustasy. – Toronto, Wiley & Sons, p. 535–553.

OWENS, E. H. & S. B. MCCANN (1970): The role of ice in the arctic beach environment with special references to Cape Ricketts, Southwest Devon Island, Northwest Territories, Canada. – Amer. jour. Sci., **268**: 397–414.

PAYETTE, S. (1978): Les buttes rocheuses d'origine périglaciaire au Nouveau-Québec. – Rev. géogr. Montr., **32**, 4: 369–374.

PIRAZZOLI, P. (1976): Les variations du niveau marin depuis 2000 ans. – Mémoires du laboratoire de géomorphologie, Ecole pratique des hautes études, **30**, 421 p.

PORTMANN, J. P. (1971): Géomorphologie de l'aire myriamétrique de Poste-de-la-Baleine, Nouveau-Québec. – Cah. géogr. Qué., **34**: 53–76.

RALPH, E. K., H. N. MICHAEL & M. C. HAN (1973): Radiocarbon dates and reality. – MASCA newsletter, **9**, 1: 1–20.

STUIVER, M. & H. A. POLACH (1977): Discussion, reporting of ^{14}C data. – Radiocarbon, **19**, 3: 355–363.

TAYLOR, R. B. (1980): Coastal environments along the northern shore of Somerset Island, District of Franklin. – In S. B. MCCANN (ed.): coastline of Canada. – G.S.C. paper **80–10**: 239–250.

TAYLOR, R. B. & S. B. MCCANN (1976): The effects of Sea and Nearshore Ice on Coastal Processes in the Canadian Arctic Archipelago. – Rev. geogr. Montr., **30**, 1–2: 123–133.

WALCOTT, R. I. (1980): Rheological models and observational data of glacio-isostatic rebound. – In N. A. MORNER (ed.): Earth rheology, isostasy and eustasy. – Toronto, Wiley & Sons, p. 3–10.

WALCOTT, R. I. & B. G. CRAIG (1975): Uplift studies, southeastern Hudson Bay. – Geol. Surv. Can., paper **75–1** A: 455–456.

WEBBER, P. J., S. W. RICHARDSON & J. T. ANDREWS (1970): Post-glacial uplift and substrata age of Cape Henrietta Maria, South-eastern Hudson Bay, Canada. – Can. Jour. Earth Sci., 7: 317–325.

WILSON, C. (1968): Notes on the climate of Poste-de-la-Baleine, Québec. Centre d'études nordiques, Université Laval, Travaux divers no **24**, 93 p.

Adresse des Auteurs: MICHEL ALLARD et GERMAN TREMBLAY, Centre d'études nordiques, Université Laval, Sainte-Foy, Québec, G1K 7P4 Canada.

Z. Geomorph. N. F.	Suppl.-Bd. 47	97–108	Berlin · Stuttgart	November 1983

The active layer and climate

by

A. Jahn (Poland) and H. J. Walker (U.S.A.)

with 9 figures and 1 table

Zusammenfassung. Die Natur der Auftauschicht in der Permafrostzone der Erde hängt von den jeweiligen klimatischen, topographischen und geologischen Bedingungen ab. Bodentyp und -feuchte, Hangexposition und -neigung sowie Schutz vor Wärme (z. B. durch Schnee und Vegetation) sind alle wichtig für die Bestimmung des Zeitpunktes, an dem das jährliche Schmelzen der Auftauschicht beginnt und bis zu welcher Tiefe es sich entwickelt.

Eine der wesentlichen Charakteristiken der Auftauschicht ist die Änderung der Aufbaugeschwindigkeit während des Sommers. Sie nimmt progressiv mit der Zeit ab; diese Änderung wird hier als „das Gesetz der konsequenten Reduktion" bezeichnet und wird durch die Quadratwurzel aus der Zeit charakterisiert.

Die Darstellung verschiedener Gruppen von Meßdaten ergibt Grade unterschiedlicher Länge und Steigung, bedingt durch unterschiedliche Klimabedingungen und Vegetation.

Summary. The nature of the active layer in the permafrost zones of the world depends on the prevailing climatic, topographic, and geologic conditions. Soil type and moisture, slope direction and inclination, and thermal insulation (e.g., snow and vegetation) are all important in determining the time of initiation of the season's thaw of the active layer and the rate at which it develops.

One of the most distinctive characteristics of the active layer is the change in the rate of thaw during summer. The rate decreases progressively with time; its change is here labeled "the law of consequent reduction" and is characterized by the square root of time. Representations for different sets of data are straight lines of varying lengths and slopes according to different climates and vegetation.

Résumé. La nature de la couche active dans le domaine du permafrost à la surface de la terre dépendent des conditions locales particulières de caractère géologique et topographique. Le type de sol et son humidité, l'exposition du versant et sa pente, de même que la protection thermique (par exemple du fait de la neige ou de la végétation), sont également importants dans la détermination du moment où commence la fonte de la couche active ainsi que de la profondeur qu'elle atteint.

Une des caractéristiques essentielles de la couche active est la modification de la vitesse de surrection morphogénique au cours de l'été. Elle décroît avec le temps. Ce changement est désigné ici comme la »loi de la réduction conséquente« et il est mis en relation avec la racine carrée du temps.

0044-2798/83/0047-0097 $ 3.00

La présentation de groupes différents de données mesurées donne des classes quantitatives de longueur et de pente, qui sont conditionnées par des différences de milieu climatique et de végétation.

The nature of the active layer, i.e. the summer-thaw and winter-freeze layer, in regions of permafrost depends on climatic, topographic, and geologic conditions. Included in these "environmental factors," as WASHBURN (1979) has labeled them, are soil (and rock) types, soil moisture, surface inclination, slope direction, and other factors that affect the thermal characteristics of the soil such as vegetation and snow cover. The critical climate is not that of the atmosphere but rather that at the soil surface. Initiation of thaw depends in the first place on heat transfer across the soil surface and the depth to which thawing extends is related to the thermal conductivity of the soil.

The maximum thickness of the active layer differs with locality and is a reflection of both zonal and local climatic conditions. For example, in southern Siberia or southern Alaska the average maximum thickness of the active layer is greater than it is in northern Siberia or northern Alaska. However, because thickness also varies with local environmental factors, it is difficult to directly relate variability to zonal climate. Periglacial areas with a continental climate and warm summers are characterized by a more rapid rate of development of the active layer than periglacial areas with an oceanic climate where summers are cool in comparison.

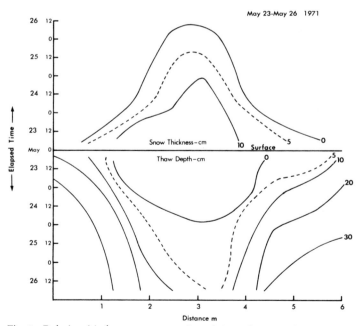

Fig. 1. Relationship between snowmelt and thaw depths. After WALKER & HARRIS 1976.

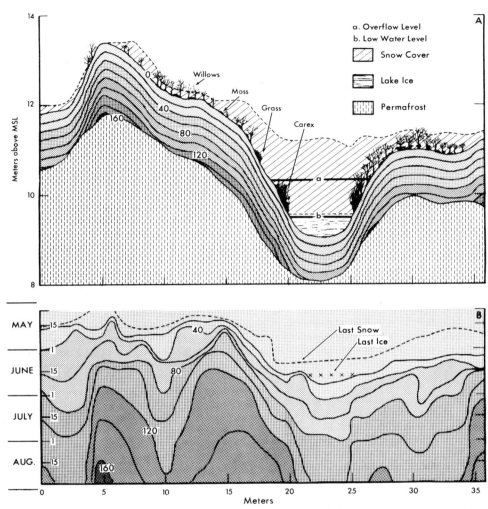

Fig. 2. Active layer development beneath varied vegetation covers in a sand dune in the Colville River delta, Alaska, 1973.

The time when thaw begins in the snow-covered portions of the Arctic correlates closely with the completion of snow melt. Data collected from test plots on a thinly vegetated sand dune surface in the Colville River delta, northern Alaska, during snow melt show that thaw is minimal so long as snow remains on the surface even though air temperatures might be quite high and that once the snow is removed thaw progresses rapidly (fig. 1) (WALKER & HARRIS 1976). Further, the lag in thaw initiation because of delayed snow melt may be long as shown in fig. 2. For example, a thaw depth of 15 cm

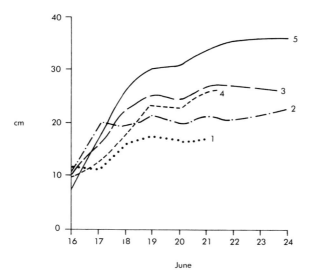

Fig. 3. Soil thaw on the coastal terrace near the Polish Research Station in Hornsund immediately after snow melt, June 1974. Plots 1 and 2 left unchanged, plot 3 had its vegetation cover removed, and plots 4 and 5 had vegetation and the previously thawed surface removed.

was reached a month earlier under a north-facing dune surface that became snow free in mid-May than in a location that retained its snow cover until nearly mid-June even though it was a south-facing surface (fig. 2 B).

Subsequent to thaw initiation, one of the most important characteristics of active layer development is the change in the rate of thaw with time. It has been observed that there is a progressive decrease in this rate as summer progresses, a change which may be described as "the law of consequent reduction."

In 1974, an experiment was performed in Spitsbergen to test the progress of thawing at the beginning of summer (JAHN 1982). Measurements were made on four test plots located on a coastal terrace composed of a sandy soil. Two plots, both with a thin vegetation cover, were left unchanged; from the other three plots a 3 to 4 cm thick vegetation cover and the previously thawed soil layer (up to 10 cm) were removed. [1] Thaw depth measurements, made by using a thin steel probe, were begun on 6 June, the day the last snow melted. On the first day thaw depth reached several cm and by the end of the eighth day it was as much as 30 cm (fig. 3). It was deeper in those plots that had been stripped of vegetation than those left unmodified. The thaw rate of 3–7 cm per day that prevailed at the beginning decreased to a daily maximum of about 2 cm per day after 5 days in all plots. The initial thaw zone became an insulation layer and thus an impediment to heat transfer downward. In 1978, the same plots were re-examined. By that time thermo-karstic processes had begun in the altered plots. In none of these plots was there evidence of vegetative regeneration during the 4-year interim.

That the rate of soil thaw decreases with time was observed in 1937 during investigations into the formation of the active layer (JAHN 1946) on a terrace of the

---

[1]　This experiment was similar to the one conducted by J. BROWN and colleagues (1969) in Alaska.

Arfersiorfik Fiord, Greenland. The terrace is composed of sandy soil and is covered by thick tundra vegetation. The monthly progress of thaw, June – 26 cm, July – 13 cm, August – 6 cm, supports the phenomenon of a decreasing geometrical progression of summer thaw in permafrost areas, a phenomenon later observed by other researchers, e.g. CARSLAW & JAEGER (1947), ZABOLOTNIKOV (1966), MORGENSTERN & NIXON (1971) who formulated "the theory of the consolidation of thawing soils", and MCROBERTS (1975).

The depth of the thaw layer (x) may be expressed

$$x = \alpha \sqrt{t}$$

where α denotes the thermal conductivity of the soil and t is time, or by

$$x = d \sqrt{t\tau}$$

an equation developed by ZABOLOTNIKOV (1966), where t denotes the mean temperature of the soil surface in time τ.

The decreasing geometrical progression typical of soil thaw, here illustrated by the correlation that exists between the depth of thaw and the square root of time, is of the rectilinear type. MCROBERTS (1975), using this method in comparing the soil thaw results from 15 localities in the Arctic, showed that the course of soil thaw proceeded in the same way at all localities. However, the lines of soil thaw presented by MCROBERTS are of different inclination which suggests that the regular mechanism of thawing is affected by different climatic conditions. Thus, the idea of comparing the course of soil thaw in different areas known to the authors (Greenland, Spitsbergen, and Alaska) was conceived.

Thaw measurements at Putu Pond in the Colville River delta on the Coastal Plain of northern Alaska were made during different years between 1962 and 1973 (WALKER & HARRIS 1976). The different environments investigated included exposed sand, willow and moss covered surfaces, and a pond bottom (fig. 2 A). It was "found that beneath all types of cover the seasonal variation of thaw is similar in that, once thaw is initiated, it progresses rapidly until the end of July. . . . After July there was a generally decreasing rate of thaw beneath all surfaces" (WALKER & HARRIS 1976).

This statement illustrates the simplified diagram (table 1) that shows the progress of thaw as it does the parabolic curves of reduced thaw (fig. 4 A) and the rectilinear relation to the square root of time (fig. 4 B). These diagrams are similar to those derived from data

Table 1.   Daily thaw of the active layer in Alaska, Greenland, and Spitzbergen in three consecutive summer months in cm

	Alaska (1973)		Greenland (1973)	Spitzbergen (1958)
	Moss	Sand		
1st Month	2.0	2.8	0.9	1.3
2nd Month	1.0	1.5	0.4	0.8
3rd Month	0.3	0.3	0.2	0.3

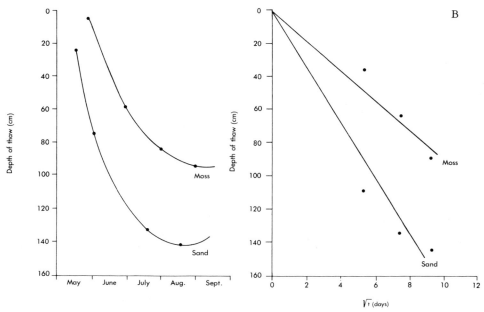

Fig. 4. Soil thaw development curves in the Colville River delta, Alaska, 1973. A – actual thaw development, B – relation to the square root of time.

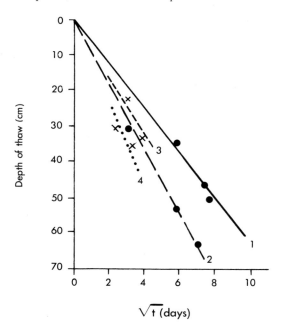

Fig. 5. Summer thaw in Greenland and Spitsbergen. 1 – Greenland 1937, 2 – Spitsbergen 1958 (CZEPPE 1961, JAHN 1961), 3 – Spitsbergen 1974, with vegetation cover, 4 – Spitsbergen 1974, without vegetation cover.

from Greenland and Spitsbergen (CZEPPE 1961) where the course of summer thaw (for the years 1937, 1957, and 1978) was similar (fig. 5). They differ, however, in the actual degree of monthly or daily thaw (table 1). Such differences can result from differences in climate. In Spitsbergen and Greenland, summers are cooler than they are in northern Alaska. However, the values given cannot unreservedly be accepted as fully typical. The rates of thaw differ from year to year as has been repeatedly observed in Alaska (WALKER & HARRIS 1976) and Canada (BROWN 1978).

Soil thaw data have also been obtained from a region with a completely different climate from that of Alaska and Greenland, namely the Stordalen region in Norway. It is a tundra in the northern part of the Scandinavian Peninsula in the vicinity of the Tornetrask and Abisco Lakes. B. E. RYDEN and L. KOSTOV (1980) write that the "conditions are opposite to those observed at, for example, Barrow, Alaska." It is a region with discontinuous permafrost and is generally dry (yearly precipitation about 330 mm), but where the processes of soil thawing are influenced by summer rain, mainly in June and July. Thaw measurements were carried out between 1973 and 1975.

At Stordalen, thaw was measured under two different micro-relief situations; one a raised surface, the other a depressed surface (fig. 6). The differences in the thawing processes in the Colville River delta and on the Stordalen terraces are fundamental. In the

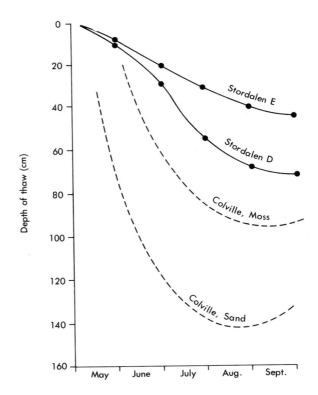

Fig. 6. Thaw progression in Stordalen, Scandinavia, and in the Colville River delta, Alaska in 1973. E – elevated element, D – depression. Curves based on data from RYDEN & KOSTOV (1980) and WALKER & HARRIS (1976).

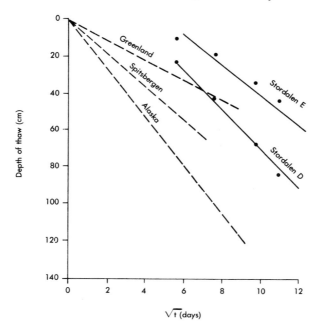

Fig. 7. Comparison of thaw development in relation to the square root of time in polar areas (Alaska, Spitsbergen, and Greenland) and subpolar areas (Stordalen).

latter area, thaw was shallow reaching depths only half those reached in the Colville. Maybe even more importantly, the initial rate of thaw was much less at Stordalen than that at the Colville. In May, thaw amounted to only about 0.3 cm per day. It was not until July that the permafrost table began to lower at a rate of about 1.0 cm per day. Thus, the thaw system is, at least initially, the reverse of that observed in other polar areas.[2] This comparison becomes clear in the diagram expressing the development of the active layer in relation to the square root of time (fig. 7). The linear relationship does not apply until the second half of summer.

One of the reasons why thaw at Stordalen deviates from that in the Colville is that there exists differences in the parameters affecting soil thaw in the two regions. At Stordalen, thaw is mainly caused by the heat transfer resulting from summer precipitation which intensifes the heat conductivity of the soil. In this situation the insulating effect of the upper, thawed layer is of secondary importance. Thus, the rule typical of thawing in Alaska and Greenland does not apply at Stordalen, a condition noted also by RYDEN & KOSTOV (1980).

---

[2]   It is possible that this sequence of thaw may also occur at some locations in the polar region. O. YU. PARMUZINA (1978) reported that soil in the Yenisei River Estuary thawed at the rates per day of 1.3 cm in June, 1.7 cm in July, and 0.5 cm in August. Such a reversal of thawing rates in the first half of summer may have been due to the considerable ice content in the upper soil layer in relation to the amount in the central part of the thaw zone.

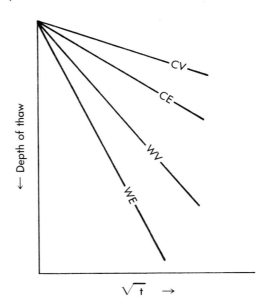

Fig. 8. Dependence of thaw on environmental factors, i.e. summer temperature (C – cool, W – warm) and vegetation (V – vegetation cover, E – lack of vegetation cover).

Although there are exceptions, the examples from Spitsbergen, Greenland, and Alaska appear to be relatively typical. Figures 4, 5, and 6 show that curves for specific arctic regions differ in both their length and angle. The line's length denotes depth of thaw; its slope, rate of thaw. This rate is measured according to the value of the daily increase in thickness of the thaw layer (table 1). Although both indices, i.e. depth and rate of thaw, depend to some degree on local soil conditions and topography, the main factor is climate and weather. High temperatures and minimal cloudiness promote thaw; low temperatures and cloudy conditions do not. The length of summer is relatively unimportant in view of the fact that the thickness of the thaw layer begins to become stabilized in mid-summer.

Another parameter is the nature of the insulation layer at the top of the soil layer. Highly organic soils (e.g. peats) and thick vegetation covers are both effective insulators. It is difficult to distinguish between the relative importance of vegetation and organic soil (NAKANO & BROWN 1972).

Summer temperature as well as vegetation influence the length and slope of the correlation line. Cool summers (C) and vegetation (V) – the symbol CV – impede the rate of thaw; warm summers (W) and lack of vegetation (E) – the symbol WE – enhance the development of the active layer. Indirect effects are represented by line CE where unfavorable thermal conditions are compensated for by better exposure and by line WV where an intensive thermal effect is blocked by a vegetation cover. This system is modeled in fig. 8.

In searching for verification of this model, a number of thaw correlation lines from different arctic and subarctic regions were compared (fig. 9). It was assumed that where

A. JAHN and H. J. WALKER

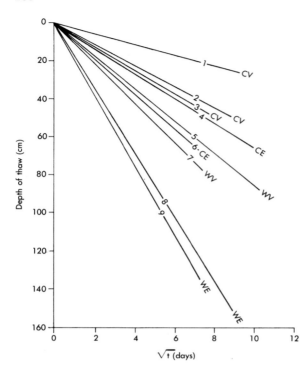

Fig. 9. Soil thaw development in different arctic and subarctic regions: 1 – Yenisei Estuary (PARMUZINA 1978), 2 – Greenland (JAHN 1946), 3 – Franz Joseph Land (SUBHODROVSKI 1967), 4 – Yenisei Estuary (PARMUZINA 1978), 5 – Colville River delta (WALKER and HARRIS 1976), 6 – Spitsbergen (CZEPPE 1961), 7 – Barrow, Alaska (DREW et al. after McROBERTS 1975), 8 – Colville River delta (WALKER and HARRIS 1976), 9 – Gulkana, Alaska (AITKEN after McROBERTS 1975).

the mean temperature of the warmest month is below +5 °C the summer should be regarded as cool; above 5 °C as warm. Thus, the symbol C is representative of the Soviet Arctic, Spitsbergen, and Greenland whereas the symbol W is representative of Alaska.

The correlation lines with symbol C group in the upper part of the diagram. According to SUKHODROVSKI (1967) the mean depth of the summer thaw layer in Franz Joseph Archipelago was 0.4–0.6 m. Our estimate, based on his data is that in the first month the depth of thaw reaches 30 cm. PARMUZINA (1978) reports that at the Yenisei River Estuary soil covered with an organic layer (vegetation and peat) thaws to depths of 0.5–0.8 m. He observed that the active layer became thinner as a result of summer ice formation on the permafrost table limiting the thickness of the active layer as shown by line 3, fig. 9.

The lines with symbol W are grouped in the lower part of the diagram. They are longer (i.e. the depth of soil thaw is greater) and their slope angles are larger (i.e. the rate of thaw is faster).

The presence (V) or absence (E) of vegetation is of great importance. Because of its absence in Spitsbergen where summers are cool, the line falls almost in the middle of the diagram. This position is adjacent to the lines from those locations in Alaska when a vegetation cover (V) is present. The other profiles from Alaska, those without a protective vegetation cover, have the steepest correlation lines.

Some of the correlation lines, as from eastern Greenland, given by McROBERTS (1975) do not agree with this system and are not presented here. They represent deep and quick thawing in a relatively cool climate. The cause of such a development appears to be partly because of a lack of an insulating vegetation cover.

The present attempt at relating the process of active layer development with climate is best considered a concept rather than a conclusion. The data required for a definitive analysis of this relationship are still insufficient. Some of the observation series used were short, often only of one season's duration. Because the thickness of the active layer can vary greatly from year to year, averages over a substantial period of time will be needed.

Nonetheless, the presentation of the problem may be a first step toward verification. The model as proposed refers only to soil thaw in which a dominant role is played by normal heat penetration from the surface downward and to given conditions of heat conductivity. Numerous deviations from this model can exist (as shown by the Stordalen example given above). However, in periglacial conditions radiation remains the main source of heat energy to the soil (ABBEY et al. 1978). The temperature of the soil surface is an index of this energy and also a climatic element determining the thaw process. It is this particular relation, that between thaw and climate, that we have tried to pinpoint.

References

ABBEY, F. L., DON M. GRAY, D. H. MALE & D. E. L. ERICKSON (1978): Index models for predicting ground heat flux to permafrost during thawing conditions. – Third Intern. Conf. on Permafrost, Edmonton, Proceedings, Nat. Res. Coun. of Canada, 3–9, Ottawa.

BROWN, R. J. E. (1978): Influence of climate and terrain on ground temperature in the continuous permafrost zone of Northern Manitoba and Keewantin District, Canada. – Third Intern. Conf. on Permafrost, Edmonton, Proceedings. Nat. Res. Coun. of Canada, 15–21, Ottawa.

BROWN, J., W. RICHARD & D. VICTOR (1969): The effect of disturbance on permafrost terrain. – CRREL, Spec. Rep. 138: Hanover.

CARSLAW, H. S. & J. C. JAEGER (1947): Conduction of heat in solids. – Clarendon Press, Oxford.

CZEPPE, Z. (1961): Roczny przebieg mrozowych ruchow gruntu w Hornsundzie (Spitsbergen) 1957–1958 (Annual course of frost ground movements at Hornsund (Spitsbergen) 1957–1958. Zeszyty Naukowe Uniwersytetu Jagiellonskiego. – Prace Geograficzne. Seria Nowa, 3, Krakow.

JAHN, A. (1946): Badania nad struktura i temperatura gleb w Zachodniej Grenlandii. (Researches on structure and temperature of soil in Western Greenland). – Rozprawy Wydz. Mat.-Przyr. Akademii Umiejetnosci, 72, Krakow.

– (1982): Soil thawing and active layer of permafrost in Spitsbergen. – Acta Universitatis Wratislaviensis, (in press).

McROBERTS, E. (1975): Field observations of thawing in soils. – Canad. Geotech. Jour. 12: 126–130.

MORGENSTERN, N. R. & J. F. NIXON (1971): One-dimensional consolidation of thawing soils. – Canad. Geotech. Journ. 8: 558–565.

NAKANO, Y. & J. BROWN (1972): Mathematical modeling and validation of the thermal regimes in tundra soils, Barrow, Alaska. – Arctic and Alpine Research, 4: 10–38.

PARMUZINA, O. Y. (1978): Kriogennoye stroyeniye i nekotoriye osobennosti ledovydeleniya v sezonnotalom sloye (The cryogenic structure and certain features of ice separation in a seasonally thawed layer). – Problemy kriolitologii, 7: 141–164, Moscow.

RYDEN, B. E. & L. KOSTOV (1980): Thawing and freezing in tundra soils. Ecology of a Subarctic Mire. – Ecol. Bull. Stockholm, 30: 251–281.

SUKHODROVSKI, W. L. (1967): Relyefoobrazovaniye v periglyacjalnykh usloviyakh (The origin of relief in the periglacial condition). – Ed. "Nauka," Moskva.

WALKER, H. J. & M. K. HARRIS (1976): Perched ponds: An arctic variety. – Arctic, 29: 223–238.

WASHBURN, A. L. (1976): Geocryology. A survey of periglacial processes and environments. – E. Arnold, London.

ZABOLOTNIKOV, S. J. (1966): Dinamika sezonnoprotaivayuschego sloya mezhgornykh kotlovin Stanovogo Nagoriya (Dynamics of the seasonal thawing layer in the intermountain basins of Stanovoye Nagoriye). – Mater. VIII Mezhduvedomstvennogo Soveshchaniya po Geokriologii, 4: 207–213, Yakutsk.

Addresses of the authors: ALFRED JAHN, Geographical Institute, University of Wroclaw, Pl. Universytecki 1, Wroclaw 50-137, Poland.
H. JESSE WALKER, Department of Geography, Louisiana State University, Baton Rouge, Louisiana 70803, USA.

| Z. Geomorph. N. F. | Suppl.-Bd. 47 | 109–136 | Berlin · Stuttgart | November 1983 |

Les Fondements géomorphologiques de la Théorie des Paléonunataks: Le Cas des Monts Torngats

par

Pierre Gangloff, Montréal

avec 7 figures et 15 photos

Zusammenfassung. Die Grundannahmen der Nunatak-Theorie im Torngatgebirge halten geomorphologischen Untersuchungen nicht stand.

1. Felsburgen und ähnliche Erscheinungen sind keine Indikatoren für unvergletscherte Gebiete; solche Oberflächenformen können eine Vergletscherungsphase überstehen. So wurden beispielsweise auf dem Talboden des Nakvaktals Felsburgen von mindestens 425 m mächtigen Laurentischen Eis überfahren.

2. Felsenmeere (Blockmeere) sind nicht ein „vollentwickelter Gipfelschutt" periglazial überarbeiteter Moräne.

In einem entsprechenden Gebiet sind die Matrix eines Gipfelblockmeeres und der jüngsten Moräne in der Sandfraktion durch die gleiche Granulometrie, Tonmineralogie Morphoskopie charakterisiert.

3. Verwitterungserscheinungen im anstehenden Gestein gehören nicht notwendigerweise zu interstadialen oder interglazialen Perioden; so entwickeln sich innerhalb des Gebietes der Wisconsin Verweisung Bröckellöcher und initiale Tafoni im Holozän. Sie sind nur lithologisch, aber nicht chronologisch interessant. Unsere Ergebnisse über die Bedeutung von Felsburgen und Verwitterungsformen dürften für alle kristallinen Gebirge des nordöstlichen Amerikas zutreffen. Die Ergebnisse über den glazialen Ursprung von Felsenmeeren können nicht ohne weiteres auf andere Gebirge übertragen werden. Die Möglichkeit, daß andere Gebirge mit wirklichem Schutt der Bergspitzen bedeckt sind, ist nicht auszuschließen. In jedem Fall ist eine sorgfältige geomorphologische Untersuchung unabdingbar.

Summary. The basic axioms of the nunatak theory in the Torngat mountains did not withstand geomorphologic investigation. 1. Tors and tor-like features are not indicative of unglaciated areas; this landforms may resist a glacial phase; for example, on the floor of Nakvak valley, tors have been overflowed by at least 425 m thick Laurentide ice. 2. Felsenmeers are not a "mature mountain-top detritus" but a glacial till reworked by periglacial processes. In a same region, the matrixes of the mountain-top felsenmeer and the youngest till are characterized by the same granulometry, clay-mineralogy and morphoscopy of the sand fraction. 3. Weathering features of basement rocks are not necessarily related to interstadial or interglacial periods; inside the Wisconsin glacial limit, weathering pits and incipient tafonis developed during Holocene time. They have a lithologic rather than a chronologic signification. They are found in less resistant cristalline rocks. Our conclusions on the significance of tors and weathering features may apply to all cristalline mountain regions of north east America. Conclusions about the glacial origin of the felsenmeers may not be generalized to other mountains. The possibility that other mountains are covered by real mountain top detritus is not excluded. In each case a thorough geomorphological study is a must.

Résumé. Dans les monts Torngats, trois axiomes de la théorie des nunataks pleistocènes ne résistent pas à l'étude géomorphologique. 1. Les tors et les reliefs ruiniformes ("tor-like features"), considérés par la théorie comme les signes d'une absence de glace wisconsinienne, peuvent résister au recouvrement glaciaire: au fond de la vallée de Nakvak, par exemple, un modelé de tors a survécu à l'écoulement d'une couche de glace laurentidienne d'au moins 425 m d'épaisseur. 2. Les felsenmeers qui couvrent les sommets de montagnes ne constituent pas d'anciens manteaux d'altération. Ils proviennent d'un till dont la granulométrie de la matrice, la morphoscopie des sables et la minéralogie des argiles ne diffèrent en rien de celles des tills les plus récents de la région. 3. L'altération superficielle du socle ne remonte pas nécessairement à un interstade ou un interglaciaire; elle s'observe même dans les régions recouvertes par l'inlandsis wisconsinien où vasques, roches en champignons et débuts de taffonis ont été sculptés au cours de l'Holocène. Elle constitue un indicateur, non pas chronologique, mais lithologique; elle affecte les roches cristallines les plus sensibles. Les conclusions sur les tors et l'altération superficielle du socle sont probablement généralisables à l'ensemble des montagnes cristallines du nord-est de l'Amérique. Quant aux felsenmeers, leur origine glaciaire dans les Torngats n'exclut pas qu'ils puissent être, ailleurs, un manteau de gélivation.

Introduction

La théorie des nunataks pleistocènes gravite autour de deux foyers de controverses: un problème biogéographique soulevé par les botanistes scandinaves; une polémique autour des limites glaciaires dans les bourrelets marginaux des socles de part et d'autre de l'Atlantique nord.

Construction elliptique où le raisonnement supplée la ténuité des preuves tangibles, la théorie doit sa persistance au fait que lorsque l'intérêt pour l'un de ses pôles faiblit, elle est relancée par l'autre.

1. *Une théorie bi-polaire*

1.1 *Les données biogéographiques*

Il y a un siècle, BLYTT (1881, 1893) soulignait le caractère «groenlando-américain» de la flore arctique de Norvège. Absente en Sibérie et dans les Alpes, la plupart de ses éléments se rencontrent au Labrador, au Groenland, en Islande, aux Féroé, au Spitsberg et en Nouvelle-Zemble. Elle serait un héritage interglaciaire que les inlandsis auraient éliminé sur les continents. A la déglaciation, elle aurait recolonisé, à partir des îles de l'Atlantique, les dorsales liminaires de la Scandinavie et du Labrador.

Cette interprétation n'allant pas sans difficultés, SERNANDER (1896) imagina l'alternative des refuges biologiques fermés. Pendant les périodes froides les éléments amphiatlantiques interglaciaires auraient pu survivre en bordure des continents englacés, dans des régions de nunataks et dans des plaines côtières exemptes de glace. Cette idée féconde, reprise entre autres par FERNALD (1925) pour le nord-est de l'Amérique, permit à E. DAHL (1955) de désigner, en Norvège, à partir de la seule répartition d'espèces actuelles, l'emplacement probable de deux refuges biologiques weichseliens.

Mais ni les botanistes qui raffinèrent l'hypothèse, ni les zoogéographes qui vinrent l'enrichir par la suite (LINDROTH 1963) ne dépassèrent le stade de l'induction biogéographique. A notre connaissance, il reste toujours à découvrir des preuves tangibles – tourbes et faunes fossiles contemporaines des inlandsis – qui attesteraient la présence de refuges fermés.

Aussi cette thèse, dont l'attrait réside dans sa cohérence interne, propose-t-elle des arguments extérieurs, convergents, géologiques et géomorphologiques (par exemple DAHL 1946, 1947, 1954, 1955, IVES 1974, 1975). C'est le second pôle fortement controversé de la théorie.

1.2 *Les arguments géomorphologiques*

En substance, ils se fondent sur plusieurs propositions complémentaires.

1.2.1 *Des déductions géomorphologiques* exigeraient la présence de nunataks pleistocènes dans toutes les régions côtières associant une haute montagne et une plateforme continentale étroite. En effet, DAHL (1946) propose qu'un inlandsis ne peut s'étendre au-delà de la plate-forme. De cette limite extrême il s'élèvera vers le centre de dispersion des glaces, à l'intérieur des terres, selon une pente maximale de 1/100. A une centaine de kilomètres de sa marge, il ne dépassera donc jamais 1000 m d'altitude. Tout relief, à une telle distance, s'élevant au-dessus de 1000 m sera nécessairement un nunatak. Ce raisonnement confirmerait l'existence des nunataks weichseliens postulés en Norvège, dans les Lofoten et les secteurs externes des régions de Troms et More. En Amérique du Nord, il s'appliquerait aux Torngats où la logique (DAHL 1947) réfuterait les observations de terrain présentées par TANNER (1944) en faveur d'une englaciation pléistocène complète de la montagne.

1.2.2. *Des formes et des produits d'altération du socle:* vasques, taffonis, reliefs ruiniformes, tors, felsenmeers sont considérés en Scandinavie comme sur la façade nord-est de l'Amérique, comme des indicateurs de paléonunataks. On admet généralement que:
– Leur élaboration exige une morphogenèse sub-aérienne infiniment plus longue que la durée de l'Holocène.
– Leur fragilité suppose qu'ils n'aient pas été recouverts par le dernier inlandsis; celui-ci n'aurait pas manqué de les oblitérer ou de les détruire. Aussi, sauf le cas d'un recouvrement par une couche de glace mince, inactive (IVES 1974), ces héritages anciens suggèrent-ils l'absence de glace wisconsinienne.
– Leur position géomorphologique renforce cette interprétation. Ils ne semblent pas associés aux dépôts morainiques frais. Ils ne sont signalés qu'à l'extérieur des modelés de marge glaciaire récents, notamment en altitude, dans des étages montagnards que le dernier inlandsis n'aurait pas atteints.

Mais, pas plus que les inductions biogéographiques, contestées dans le nord-est de l'Amérique par MARIE-VICTORIN (1939), ROUSSEAU (1948) et DEEVEY (1949), les arguments géomorphologiques n'emportent l'assentiment unanime des quaternaristes. La vitesse de la météorisation des roches du socle, le rôle érosif ou protecteur des glaces inlandsisiennes, la répartition géographique réelle des modelés d'altération, la nature des

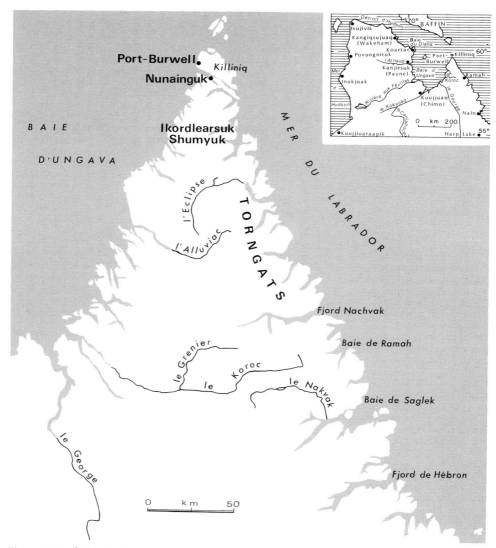

Fig. 1. Carte de localisation.

manteaux détritiques, en d'autres termes, les fondements même de la théorie font problème. Sauf exception, et malgré une pléthore d'articles, ces questions n'ont pas fait l'objet d'études approfondies.

Nous les aborderons à travers des faits observés au Nouveau-Québec, particulièrement là où la théorie des nunataks semble la mieux établie: dans les monts Torngats.

2. *Le cas des monts Torngats*

Les monts Torngats bordent la mer du Labrador entre 58° et 60° de latitude nord (fig. 1). Ils constituent un morceau de socle précambrien soulevé au Cénozoique, principalement au Plio-Pleistocène (UMPLEBY 1979). Le relief, dont les traits morphostructuraux sont décrits par GODARD (1979), présente la dissymétrie classique des dorsales liminaires: vers l'ouest, une série de plateaux descendent graduellement vers la baie d'Ungava. Vers l'est, une façade abrupte, ébréchée de nombreux fjords, domine la mer de 1000 m au sud, 1600 m au centre et 600 m, dans l'île de Killiniq, à l'extrémité nord.

2.1 *L'hypothèse des chronozones*

Dans ce massif montagneux, bien aéré, découpé par de profondes vallées polygéniques, les formations pleistocènes s'ordonnent en trois (IVES 1958a) à quatre étages (IVES 1974, 1978). Chacun d'eux a été caractérisé par son degré d'altération et interprété comme une chronozone. Particulièrement net dans la partie centrale de la montagne, notamment dans la vallée de Nakvak (IVES 1957, 1958a et b, 1960a) cet étagement a été décrit au nord par LØKEN (1962) et discuté au sud, autour de la baie d'Okak, par TOMLINSON (1963) et par ANDREWS (1963).

A travers les nuances régionales, ces différents travaux ont débouché sur la distinction des quatre étages morphochronologiques suivants (fig. 2):

2.1.1 *La chronozone Saglek.* Elle occupe le fond des vallées et la partie inférieure des versants. Elle se distingue par la fraîcheur de son modelé glaciaire et la quasi-absence de phénomènes d'altération.

Sur les versants, elle est limitée par un impressionnant complexe de moraines latérales et de terrasses de kames: le «niveau Saglek» (IVES 1976). Il indiquerait l'extension

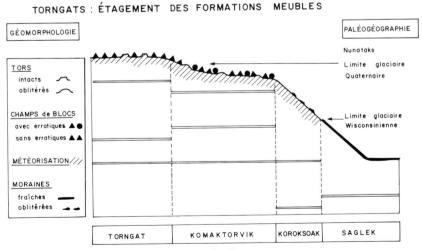

Fig. 2. Composition théorique des quatre chronozones des Torngats.

maximale des glaces wisconsiniennes. Cet événement ayant pu se réaliser au cours de la dernière glaciation à des moments différents, selon les régions des Torngats, le «niveau Saglek» pourrait être métachrone. La masse montagneuse au-dessus du niveau Saglek portait probablement des glaciers locaux; mais l'essentiel du relief devait être un nunatak.

2.1.2 *La chronozone Koroksoak.* Apparaissant sur les versants, immédiatement au-dessus du niveau Saglek, elle est caractérisée par une altération superficielle, physique et chimique, des roches du socle. S'y observent également des marques glaciaires et des tills oblitérés. Ils indiquent l'existence d'une glaciation «Koroksoak» qui, compte tenu des phénomènes d'altération, doit être séparée de la glaciation Saglek au minimum par un interstade et, plus vraisemblablement, par un interglaciaire (IVES 1978).

2.1.3 *La chronozone Komaktorvik.* En altitude, la zone Koroksoak passe généralement en transition, mais dans la vallée de Nakvak, par une coupure nette, à la zone Komaktorvik. Englobant la partie supérieure des versants et la plupart des sommets, deux caractères la définissent:

a) *les champs de blocs.* Ils couvrent, sur de grandes étendues, les surfaces sommitales. A quelques exceptions près, les blocs sont de même nature pétrographique que le substratum rocheux. Aussi sont-ils interprétés comme un manteau de météorisation, le «mountain-top detritus» DE DAHL (1955). Au sein de ces felsenmeers sommitaux, quelques rares erratiques sont attribués à une glaciation «Komaktorvik». Précédant l'élaboration des champs de blocs, la glace aurait recourvert, à peu de choses près, l'ensemble des Torngats.

b) *Des tors et des chicots de météorisation différentielle* (les «castle like outcrops» DE DAHL (1955) ou «tor-like features») constituent le second trait distinctif des étages sommitaux. Leur absence dans les chronozones inférieures est expliquée par l'érosion glaciaire: ils auraient été balayés par le passage des inlandsis pendant les glaciations Koroksoak et Saglek. Leur survie sur les hauts sommets témoignerait ainsi de la longue période de morphogenèse sub-aérienne subie par les roches du socle depuis la glaciation Komaktorvik.

2.1.4 *La chronozone Torngats.* Elle se différencie de la zone précédente, non par son degré d'altération, mais par l'absence d'erratiques et de marques glaciaires. Elle n'aurait donc jamais été atteinte par les inlandsis pleistocènes. Difficile à délimiter en raison du critère négatif qui la définit, elle pourrait correspondre aux plus hauts sommets de la partie centrale des Torngats (IVES 1978).

2.2 *Les limites glaciaires*

La limite inférieure des champs de blocs s'abaisse en direction de l'Atlantique, aussi bien en Norvège (DAHL 1955) que dans les Torngats (IVES 1974) où elle pourrait correspondre au niveau maximum atteint par l'avant dernier inlandsis (Koroksoak).

Au total, à travers les publications récentes, les Torngats apparaissent comme un cas original de montagne envahie, au moins à trois périodes différentes du Quaternaire, par des glaces allogènes continentales, de moins en moins volumineuses. D'une glaciation à l'autre, les paléonunataks devenaient de plus en plus étendus, d'où l'étagement de zones de plus en plus altérées, de la base des vallées au sommet des montagnes. Hormis la chronozone Saglek dont l'épisode glaciaire est attribué au Wisconsinien et la période d'altération au post-glaciaire, l'âge des zones d'altération supérieures n'est pas connu. Sur l'île de Baffin, où un étagement semblable s'observe, une première approximation, tentée à partir de la teneur en fer libre des altérites, accorde à des felsenmeers sommitaux environ 750 000 ans et à un homologue de la chronozone Koroksoak environ 450 000 ans (ANDREWS 1974) d'évolution subaérienne.

Le contraste entre la zone Saglek dépourvue de phénomènes d'altération et les autres chronozones diversement altérées sert présentement de critère pour délimiter l'extension nord-est du dernier inlandsis laurentidien: à Ellesmeere (ENGLAND 1976, ENGLAND et al. 1981), sur la côte est de Baffin (LØKEN 1966; IVES & BUCKLEY 1969; PHAESANT & ANDREWS 1973; BOYER & PHAESANT 1974), dans les Torngats, (IVES 1978), dans le golfe du Saint-Laurent (GRANT 1977), la répartition des tors et des produits d'altération semble étayer l'hypothèse d'une extension «minimale» (IVES 1978) des dernières glaces continentales. Outre les nunataks d'altitude, des «nunataks» côtiers ont été distingués au pied des dorsales liminaires. La glace n'aurait pas recouvert la plate-forme continentale émergée. Avec les hauts sommets, celle-ci aurait pu jouer le rôle de refuge biologique wisconsinien.

La cohérence des résultats sur l'ensemble de la façade nord-est de l'Amérique ne prouve-t-elle pas, définitivement, la valeur morphochronologique des phénomènes de météorisation?

3.   *Valeur chronologique des phénomènes d'altération du socle*

D'un point de vue logique, la théorie des nunataks repose, pour une large part, sur des preuves négatives. Elle postule l'*absence* de formes et de produits d'altération à l'intérieur de l'aire occupée par le dernier inlandsis. Que des tors, par exemple, soient découverts sur le plateau de l'Ungava, c'est-à-dire dans une région déglacée il y a moins de 10 000 ans, et la théorie s'effrite.

Dès lors, l'hypothèse des nunataks ne serait scientifiquement solide que si l'ensemble du domaine recouvert par la glaciation wisconsinienne était connu et inventorié à fond. Or, en dépit des recherches récentes, nos connaissances sur le modelé du Nouveau-Québec restent extrêmement fragmentaires.

Dans ces conditions, interpréter les phénomènes de météorisation du socle comme des indicateurs de nunataks wisconsiniens, en d'autres termes, affirmer leur nécessaire absence dans la majeure partie de l'Ungava, est un pari plus qu'une hypothèse scientifique.

Nos observations dans l'Ungava et les monts Torngats contredisent la théorie, dans sa forme actuelle, sur trois points fondamentaux:

1. Les reliefs de tors existent non seulement sur les hauts sommets mais aussi dans la chronozone Saglek, soit dans la zone recouverte par le dernier inlandsis.

2. Des produits de météorisation identiques à ceux que la théorie attribue à la chronozone Koroksoak se sont développés, dans les roches du socle, au cours de l'Holocène. Ils ne sont pas, ipso facto, pré-wisconsiniens.

3. Les champs de blocs sommitaux interprétés comme d'anciens manteaux de gélivation, ne résultent pas d'une météorisation in situ du socle. Les analyses sédimentologiques montrent qu'ils proviennent de dépôts morainiques remaniés en surface par les processus cryergiques.

Photo 1. Vallée de Nakvak, sommet du versant nord. Tor au contact d'un felsenmeer (à l'arrière-plan, partie gauche) et d'une zone de roches météorisées (au premier plan). L'ensemble du paysage est façonné dans des gneiss à grenat.

Photo 2. Vallée de Nakvak. Au cours de l'épisode Saglek, les dernières glaces laurentidiennes remplissaient la vallée jusqu'à la hauteur des ensellements de part et d'autre du sommet. Le tor, au premier plan, était recouvert par 425 m de glace.

Photo 3. Détail d'un tor avec son altération en boules caractéristique. Il apparaît au fond de la vallée de Nakvak, en pleine «chronozone Saglek».

Photo 4. Fond de la vallée de Nakvak. Rocher champignon soumis sur sa face est (gauche) à la météorisation holocène. Situé au fond d'une vallée englacée au Wisconsinien, ce type de forme ne constitue donc pas un indicateur de régions non englacées. On ne peut l'utiliser pour délimiter la limite glaciaire du dernier inlandsis.

3.1 *La répartition des tors*

La vallée de Nakvak, dans les Torngats centrales, présente un cas exemplaire. Elle a été citée dans plusieurs articles à l'appui de la théorie des nunataks. Sur son versant nord, les différents étages géomorphologiques interprétés comme des zones d'altération distinctes s'ordonnent avec une particulière netteté. Les (rares) tors et les champs de blocs (photo 1) avec leurs erratiques couvrent les interfluves; réorganisés par les processus cryergiques en géliformes à triage, les felsenmeers solifluent sur les pentes et se terminent, vers 885 m (2900 pieds) d'altitude selon une ligne nette, tirée au cordeau. En contrebas s'étend un secteur de roche nue, météorisée en surface, portant localement des placages de till: la «chronozone Koroksoak». Vers 670 m – 580 m (2200 – 1900 pieds d'altitude), cette zone est interrompue par le niveau Saglek, une magnifique moraine latérale construite contre le versant par une langue de glace wisconsinienne occupant la partie inférieure de la vallée. La déglaciation a mis en place un till, des épandages proglaciaires et des sédiments lacustres, le tout soumis aux processus périglaciaires holocènes. Au fond de la vallée, vers 245 m (800 pieds) d'altitude, près de la décharge du lac Nakvak, des affleurements de gneiss massif montrent, conformément à la théorie, des surfaces rocheuses saines, exemptes de traces d'altération. L'hypothèse des nunataks semble donc vérifiée.

Elle ne l'est plus à moins d'un kilomètre au nord-ouest. Sur le fond plat de la vallée, donc en pleine «chronozone Saglek» apparaissent des tors (photos 2 et 3). Hauts de plus de 2 mètres, ils se développent dans une bande de gneiss à grenat à foliations sub-verticales. Ce gneiss semble particulièrement sensible à la météorisation: des pénitents rocheux probablement holocènes (photo 4), hauts d'une trentaine de centimètres continuent de s'aréniser. Les tors présentent l'aspect classique d'amas de boules résiduelles, en place, (photo 2) séparées par des plans de diaclase et de foliation élargis par la météorisation. Dans ces fissures, la roche s'effrite en sables grossiers, gravillons et fragments friables de la taille des galets. Certains des reliefs ruiniformes auraient pu évoluer à partir d'anciennes roches moutonnées, altérées après le dernier épisode glaciaire, non plus en boules, mais par arénisation des zones de roches les plus gélives. Ce type de forme ne diffère pas de manière notable de «tor-like features», au sein des felsenmeer (photo 1), utilisés comme indicateurs de nunataks. Au fond de la vallée de Nakvak, les tors sont entourés par des dépôts morainiques wisconsiniens; ils sont donc antérieurs à la dernière glaciation, même s'ils continuent d'être soumis à la météorisation holocène. Nous avons dit que les moraines latérales du niveau Saglek ont été édifiées, sur les versants voisins, à 670 mètres d'altitude. Comme les tors s'observent, en contrebas, à 245 m (800 pieds), ils ont été recouverts, après leur formation, par une langue de glace d'au moins 425 m (1400 pieds) d'épaisseur canalisée par la vallée et s'écoulant de l'Ungava vers l'Atlantique. Ils ne sont donc pas des indicateurs de nunataks.

Ce cas n'est pas unique. Ailleurs dans la péninsule du Québec-Labrador, des reliefs de tor pré-wisconsiniens ont résisté au recouvrement par le dernier inlandsis. Un exemple particulièrement frappant s'observe à Koartac (photo 5) en bordure de la baie du Diana. Au sud du village se dresse un tor en forme de tourelle d'environ 3 mètres de haut. Il a été façonné dans une bande de gneiss à gros cristaux prenant en écharpe la falaise. Ce faciès continue de se météoriser; les crans rocheux s'arrondissent et libèrent des arènes; leurs surfaces rugueuses présentent des cristaux en saillie. De part et d'autre, les gneiss encaissants sont sains. Or, la région n'a été déglacée que vers 7500 BP (HILLAIRE-MARCEL 1979; GANGLOFF et al. 1976).

Photo 5. Koartac. Tor dominant de quelques dizaines de mètres les eaux de la baie du Diana. Le site a été déglacé il y a moins de 8000 ans.

Photo 6. Ivujivik. Petit tor au milieu d'une surface de gneiss altéré. Le paysage ressemble à celui attribué à la «chronozone Koroksoak»; pourtant, il apparaît dans une région englacée au wisconsinien.

A Ivujivik, entre la piste d'atterrissage et le village s'étend une aire de roche nue, probablement délavée par la mer de Tyrell. Elle subit une météorisation actuelle; la roche libère des arènes faiblement oxydées. Dans ce paysage, d'aspect identique à celui de la «chronozone Koroksoak» subsistent de petits tors d'environ un mètre de haut (photo 6). Quel que soit l'âge de ces reliefs, ils se localisent à plus de 700 km à l'ouest de la marge glaciaire dans une région incontestablement recouverte par l'inlandsis wisconsinien.

Aux vrais tors, la théorie des paléonunataks associe des «tor-like features» ou chicots de météorisation différentielle; nous les désignerons ici par le terme ostaniets que CAILLEUX (1967) avait déjà utilisé pour décrire des formes semblables en Alaska.

La distinction entre tors et ostaniets est purement morphologique. Si les tors constituent un empilement de gros blocs arrondis, ordonnés selon un réseau de diaclases élargies, les ostaniets présentent des chicots plus massifs, d'allure plus déchiquetée. Dans certaines régions prédominent les tors, dans d'autres les ostaniets. Mais les deux types de formes peuvent être associés dans le même affleurement.

C'est ce qui se produit, par exemple, dans la baie de Ramah (photo 7). Sur le versant ouest d'une vallée englacée pendant l'épisode Saglek, un «tor», encore à demi enfoui sous ses altérites a été partiellement dégagé par les eaux de fusion glaciaires. Il présente une partie composée de boules d'altération; elles passent latéralement à des prismes sub-verticaux in situ, aux arêtes vives et aux faces recouvertes d'une patine brune. Le dégagement complet de ce crypto-relief donnera un ostaniets accolé à un tor, la différence de forme étant uniquement commandée par la disposition du réseau de diaclases.

Un bel ensemble d'ostaniets s'observe au site archéologique de Nunainguq, près de la pointe nord de la péninsule de l'Ungava – Labrador. Haut de plus de 3 mètres (photo 8) il domine la topographie bosselée d'un strandflat pré-wisconsinien. Les roches gneissiques à l'entour continuent de s'altérer. Localement, au pied d'un petit escarpement, les arènes construisent un talus d'éboulis fossilisant la moraine wisconsinienne (GANGLOFF 1979). L'inlandsis laurentidien a recouvert toute la région (IVES 1978) et ne se serait retiré qu'après 9000 BP (FALCONNER et al. 1965).

Signalons enfin, au centre de la péninsule de l'Ungava-Labrador, dans le bassin amont du Grenier, une dizaine d'ostaniets de 1 à 2 m de haut (photo 9). Développées dans des gneiss à foliation subverticale dense, ces formes s'observent aussi bien au fond d'une cuvette que sur le versant et sur un sommet voisin où elles sont associées à des replats goletz reliques. L'un de ces chicots ruiniformes est surmonté d'un bloc erratique; tous sont entourés de moraine wisconsinienne. Une fois de plus, nous sommes en présence de formes anciennes recouvertes par le dernier inlandsis; elles subissent les retouches de la météorisation holocène.

Que conclure de ces exemples sinon que:

1. les reliefs de tors, au sens large, n'existent pas seulement au sommet des Torngats où voudrait les cantonner la théorie des paléonunataks. Ils apparaissent, jusqu'au niveau de la mer, dans les zones inconstestablement recouvertes par les glaces du dernier inlandsis.

2. Comme ils peuvent résister à l'ennoyage glaciaire, ils ne constituent pas des indicateurs de nunataks pleistocènes. On ne peut les utiliser pour délimiter l'extension du dernier inlandsis.

3. Leur localisation semble dépendre de la lithologie du socle. C'est ce qui explique, au fond de la vallée de Nakvak, dans un même cadre géomorphologique, à moins d'un kilomètre de distance, la coexistence de tors bien développés, continuant de subir les attaques de la météorisation actuelle, et de roches parfaitement saines.

Photo 7. Baie de Ramah. Crypto-relief partiellement exhumé. Dans le même affleurement apparaît, à gauche, un ostaniets (prismes d'altération) et à droite un tor (boules d'altération). Tors et ostaniets n'impliquent donc pas des périodes paléoclimatiques différentes; leur forme dépend avant tout des particularités lithologiques locales.

Photo 8. Site archéologique de Nunainguk, à une dizaine de km au sud-ouest de Port-Burwell. Le manteau d'altération de la roche, une arène grossière, est soumis à la déflation éolienne (taches claires) et à la reptation (formation de banquettes) d'origine anthropique. A l'arrière-plan, un ostaniets de plus de 2 m de haut. Ce modelé d'altération à une dizaine des mètres d'altitude se situe dans une région recouverte par l'inlandsis wisconsinien. Il n'indique pas des nunataks mais des roches du socle sensibles à la désagrégation.

Photo 9. Bassin amont du Grenier, au centre de la péninsule d'Ungava-Labrador, à 1000 m d'altitude. Ostaniets typique de la région, développé dans des gneiss à foliations denses. Ces formes sont entourées de moraines wisconsiniennes et ont donc résisté à la dernière glaciation.

3.2 Les surfaces de roches météorisées

Le fait d'une altération holocène des roches du socle met en cause l'existence de la «chronozone Koroksoak».

Celle-ci n'a été définie, dans les Torngats, que sur des critères visuels. A Nakvak, au contact des «chronozones Saglek» et «Koroksoak» on peut en effet être impressionné par le contraste entre la fraîcheur des dépôts glaciaires qui tapissent la partie inférieure de la vallée, et la surface de roche météorisée, parfois oxydée, qui s'étend en altitude, au-dessus du complexe de moraines latérales.

En déduire une différence de durée dans le jeu des processus de météorisation constitue une erreur de méthode puisque l'on compare entre elles des formations (dépôts meubles – roches cohérentes) qui ne sont pas comparables. Les processus de météorisation et de pédogenèse, dans les moraines, avec leur texture, leurs couvertures végétales, leurs cryoturbations, leur drainage interne, sont nécessairement différents des processus de désagrégation granulaire des surfaces de roches nues. Dans le sud du Québec, des blocs glaciels de pegmatite de 0,80 à 1 m 50 de diamètre, mis en place dans les sables de la mer de Champlain, donc vieux d'au plus 12 000 ans, ont été entièrement désagrégés; sur leur pourtour, des auréoles d'oxyde de fer colorent en rouge le sable marin. Mais l'essentiel du sable champlainien n'a pas subi d'altération; seul un faible brunisol s'est développé en surface. C'est bien la preuve que des processus de météorisation holocène peuvent désagréger des volumes de roche cohérente sans affecter pour autant les sédiments meubles (photo 10).

Pour fonder l'existence de chronozones à partir du critère de la météorisation, il eut fallu comparer les altérations des tills attribués à la «glaciation Koroksoak» avec celles de la moraine de Saglek. Sur le terrain, nous n'avons trouvé aucune différence.

Si des contrastes existent dans le degré d'altération de la roche en place de part et d'autre du niveau Saglek, ce fait n'est pas généralisable. Nous avons vu que des surfaces de roches météorisées apparaissent dans le domaine englacé au Wisconsinien, à Nakvak même autour des tors, à Ivujivik (photo 11), à Koartak, à Nunainguk. Nous pourrions allonger la liste. Ne mentionnons que la partie sud de l'île du Diana, le site archéologique de Quillalugarsiuviq, la vallée inférieure du Korok, la côte nord-est de la baie d'Ungava, où des affleurements de gneiss à grenat, de gneiss à foliation dense ou à phénocristaux, d'amphibolites, de diabases et de marbres sont au moins aussi altérés que les roches de la «chronozone Koroksoak».

Sommes-nous en présence d'altérites pré-wisconsiniennes préservées par les glaces à l'instar des tors eux-mêmes? Des héritages anciens ne prouveraient pas moins que ces surfaces météorisées ne peuvent servir d'indicateurs de paléonunataks. Mais la majeure partie de nos observations concerne une altération holocène. A Ivujivik comme à Port-Burwell, elle pénètre dans des roches moutonnées du socle sur 10 à 25 cm de profondeur. Elle est particulièrement bien décrite par GODARD (1979) dans la péninsule de l'Ungava-Labrador. «Ces phénomènes de désagrégation de surface qui s'accompagnent de microformes caractéristiques-vasques, pénitents rocheux, rochers champignons et même esquisses de taffonis ou d'encorbellements – sont particulièrement répandus sur les

Photo 10. Région de Montréal. Bloc de pegmatite arénisé au sein de sables de la mer de Champlain. Les processus d'altération ont désagrégé le bloc sans affecter le sable encaissant, sauf une auréole oxydée autour du bloc. Ainsi, des formations meubles fraîches peuvent être contemporaines des altérites du socle.

Photo 11. Ivujivik. Altération holocène en «croûte de pain». Même région que la figure 8.

plateaux côtiers, à des altitudes qui sont souvent comprises entre 25 et 35 m.» Ils se rencontrent également loin à l'intérieur des plateaux. Leur localisation dépend avant tout des facteurs lithologiques: «La désagrégation superficielle... s'effectue fréquemment de façon sélective, aux dépens des variétés pétrographiques les plus fragiles... Les gneiss finement lités, riches en biotite, les passées sombres abondamment pourvues en éléments ferro-magnésiens, les enclaves surmicacées de grande taille sont arénisés, alors qu'à proximité immédiate et dans un site morphologique analogue, des gneiss alcalins, des aplites, certaines pegmatites restent parfaitement sains.» (GODARD 1979).

Une série d'analyses sédimentologiques a été effectuée sur des altérites superficielles prélevées dans des sites représentatifs à travers la péninsule de l'Ungava-Labrador. Les produits d'altération se caractérisent par:

– *une composition granulométrique relativement uniforme.* Des quartzites du plateau central de l'Ungava-Labrador comme les différents types de gneiss donnent une arène semblable. Les courbes granulométriques d'une trentaine d'échantillons provenant des régions les plus variées de l'Ungava et des Torngats se superposent pratiquement. Leur médiane se situe autour de 500 microns. La météorisation ne produit qu'un maximum de 4% de fines.

A titre d'exemple, la fig. 3 présente l'arène que libère: 1. un gros bloc perché sur un delta proglaciaire dans le bassin du Grenier, 2. une vasque en «croûte de pain» à Ivujivik (photo 11), 3. un cran rocheux au site de Nunainguq (l'arène recouvre localement la moraine wisconsinienne). Dans ces trois cas de météorisation incontestablement holocène, les courbes granulométriques non seulement se ressemblent, mais ne diffèrent en rien d'une arène prélevée à Nakvak, dans la «chronozone Koroksak» ou de celle d'un bloc météorisé, sur le même versant, dans le felsenmeer de la «chronozone Komaktorvik.»

– *La morphoscopie des sables éclaire leur granulométrie.* Aussi bien aux fractions de 1000, 600, 425 que 250 microns, les arènes se composent, à plus de 70%, de polyminéraux: des petits fragments de roches, de formes très irrégulières, dont les cristaux ne présentent pas

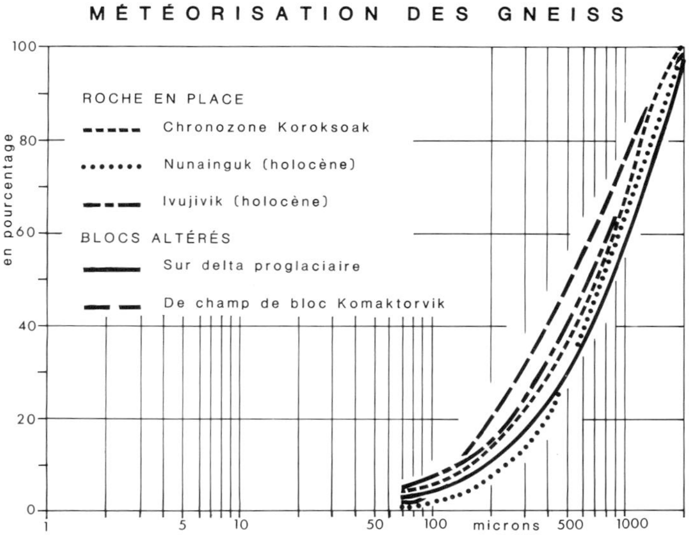

MÉTÉORISATION DES GNEISS

Fig. 3. Quelques exemples de textures des produits d'altération superficielle. Un bloc météorisé au sein d'un felsenmeer sommital libère une arène semblable à celle d'un bloc perché sur un delta proglaciaire; les deux courbes ne diffèrent pas notablement de celles des produits d'altération du socle, que ce soit à Ivujivik (photo 11) à Nunainguk (photo 8) ou, en altitude, à Nakvak (photo 1). La granulométrie ne permet pas d'affirmer que l'altération dans les felsenmeers ou dans la «chronozone Koroksoak» soit antérieure à l'Holocène.

Photo 12. Morphoscopie d'un sable d'altération. Les processus de météorisation ont désagrégé la roche en grains polyminéraux.

de traces notables d'altération (photo 12). Les processus physiques, chimiques et peut-être biologiques – un nombre important de mycellium a été découvert dans l'une des arènes (comm. pers. de Mme VAN VLIET) – ont joué le long des plans de clivage entre les cristaux sans détruire les minéraux eux-mêmes. A la différence de l'altération chimique intense, une telle désagrégation granulaire naissante, encore relativement indépendante de la composition minéralogique de la roche, explique que les arènes de quartzites ressemblent, par leur texture, à celles des gneiss ou des amphibolites.

– *Des études minéralogiques soulignent la faible intensité de la météorisation.* Pour huit sites de la région de Port-Burwell présentant une météorisation des roches du socle, nous avons fait établir des lames minces à la fois dans la roche cohérente et dans les arènes voisines, consolidées dans du baume du Canada. Pour les huit arènes, «les assemblages minéralogiques et les textures correspondent en tous points à ceux de la roche-mère. Les plagioclases et les pyroxènes ont subi la même altération. On note toutefois une plus grande oxydation de la biotite lorsque présente et parfois une plus grande quantité de minéraux opaques (ilménite-magnetite).»

«L'aspect le plus intéressant de l'étude en lame-mince des arènes est l'apparition de biotite rougeâtre accompagnée de concrétions argileuses et d'opaques en bordure de fragments entre les grains. Cette biotite est quelquefois présente entre les cristaux dans la roche-mère. L'observation détaillée a permis de constater que dans quelques cas la fragmentation s'était probablement effectuée le long de plans de clivages de biotites *primaires* oxydées accompagnées d'opaques» (BOILY 1980). Bref, lorsque la minéralogie optique décèle, dans certaines arènes, des traces d'altération chimique, ces traces sont déjà présentes dans la roche cohérente voisine. Elles ne résultent donc pas de la désagrégation holocène mais représentent un héritage ancien guidant la météorisation actuelle. On retrouve, à l'échelle microscopique, l'importance de la lithologie – pratiquement méconnue par l'hypothèse des chronozones – sur l'altération du socle.

Résumons-nous:

1. Dans l'Ungava et les Torngats, à l'intérieur du domaine recouvert par l'inlandsis wisconsinien, s'observent à la fois des zones de roches saines et des zones de roches altérées.
2. La répartition géographique de ces zones semble dépendre principalement de facteurs lithologiques.
3. L'intensité de l'altération est très faible. Il s'agit d'une désagrégation granulaire superficielle, libérant des arènes avec un maximum de 4% de fines.
4. L'âge des arènes n'est pas toujours connu avec certitude. En principe, lorsqu'elles sont associées aux tors et ostaniets, elles pourraient remonter à un interglaciaire et avoir été préservées par le dernier inlandsis. Ce qui est certain, c'est l'existence d'une météorisation holocène du socle. Elle agit de manière sélective et désagrège les types de roches les moins résistantes, jusqu'à 20 et parfois 30 cm de profondeur, façonnant, à l'occasion, vasques, champignons, débuts de taffonis, etc.

Dès lors, sur les versants des Torngats, au-dessus des moraines latérales de Saglek, des surfaces de roches altérées, du seul fait de leur présence, cessent d'être des indicateurs de nunataks wisconsiniens. Elles auraient pu se développer au cours de l'Holocène; rien ne prouve qu'elles soient nécessairement plus anciennes, héritées d'interstades ou d'interglaciaires. Elles marquent des unités, non pas chronologiques mais lithologiques. A ce sujet, il est symptomatique que le versant de Nakvak où les «chronozones» semblent particulièrement nettes, se situe entièrement dans une large bande de gneiss à grenat mylonitisé, broyé, présentant des foliations subverticales denses: un faciès particulièrement sensible à l'altération.

3.3 *La nature des champs de blocs sommitaux*

Les felsenmeers, dans les Torngats centrales, couvrent généralement d'un manteau continu les sommets aplatis des montagnes (photo 13).

Pour étudier leur origine, nous avons ouvert, au centre des Torngats, une série de coupes aux points culminants que les cartes topographiques au 1/50 000 désignent, en l'absence de toponymes, par les cotes suivantes: 4000 pieds (au sud de la vallée de Nakvak), 3200 pieds, et 4680 pieds (entre les vallées de Nakvak et du Korok).

Ces coupes révèlent un fait fondamental: les blocs ne constituent qu'un pavage superficiel. Ils coiffent un diamicton fossilisant la roche en place.

Le pavage résulte probablement de la morphogenèse périglaciaire, comme le montre son organisation fréquente en grandes géliformes à triages. Le problème consiste donc à établir l'origine, non pas du seul felsenmeer, mais du diamicton dont il est issu.

Deux hypothèses sont à envisager:

a) Une météorisation in situ des roches du socle. Selon les tenants de la théorie des nunataks, les champs de blocs proviendraient d'une très longue période de cryoclastie du substratum. Le manteau de gélivation ainsi constitué aurait pu, en raison de son très vieil âge, subir un début de décomposition et fournir la fraction fine intersticielle.

Les blocs erratiques au sein de ce dépôt seraient antérieurs au felsenmeer. Ils auraient été incorporés au matériel cryoclastique au fur et à mesure de son élaboration. Selon des vues plus récentes à partir d'un cas sur l'île de Baffin (SUGDEN & WATTS 1977) les erratiques pourraient être postérieurs au felsenmeer. Des glaces à base froide auraient pu recouvrir les champs de blocs sans les déranger, ne laissant pour toute trace de leur passage qu'une oblitération partielle des tors et les quelques blocs glaciaires.

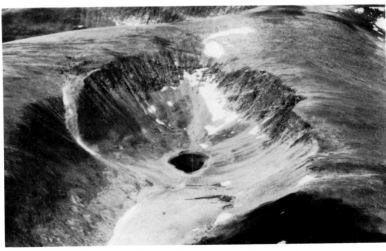

Photo 13. Torngats centrales. Le felsenmeer qui couvre les sommets soliflue sur les pentes.

b) Une couverture morainique, plutôt qu'un manteau de gélivation, pourrait être à l'origine des felsenmeers. DAHL (1955) avait déjà évoqué cette possibilité, arguant qu'un délavage de la fraction fine des moraines conduit à la genèse de champs de blocs. Dans le cas des Torngats, cette alternative n'a jamais été sérieusement étudiée; fait d'autant plus surprenant que l'hypothèse d'un délavage important n'est même pas nécessaire: le diamicton est encore présent sous le pavage superficiel.

Pour trancher, nous avons comparé la matrice des felsenmeers à celle de la moraine de Saglek à travers la granulométrie, la minéralogie des argiles et la morphoscopie des sables.

La matrice des felsenmeers se caractérise par:

— *Une texture identique à celle des moraines de Saglek.* Sur un même versant, dans un contexte lithologique semblable, les courbes granulométriques des deux types de matrices sont très voisines (fig. 4).

La fraction argileuse (inférieure à 2 microns) n'est que faiblement représentée: de 0 à 2% dans les échantillons sommitaux, 5 et 6% dans les deux échantillons de la moraine de Saglek.

Sommes-nous en présence d'un phénomène de convergence? En d'autres termes, une altération in situ de la roche cristalline pendant plusieurs centaines de millénaires (hypothèse des nunataks) peut-elle donner une granulométrie identique à celle de la moraine wisconsinienne voisine?

— *La minéralogie des fines* dans les felsenmeers est, elle aussi, *semblable à celle de la moraine.* Nous avons soumis à la diffraction par rayons X les deux échantillons de matrice morainique du niveau Saglek et les trois échantillons de diamicton associé au felsenmeer sommital. Les cinq échantillons provenaient d'une région de moins de 10 km de côté; ils ont été prélevés entre 15 et 50 cm de profondeur. Les diffractogrammes portent sur la

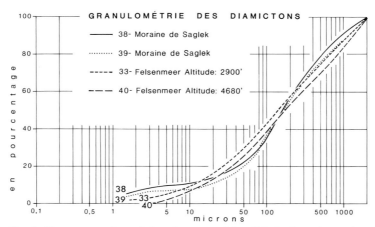

Fig. 4. Dans une même région de composition lithologique homogène, la granulométrie de la matrice des felsenmeers est identique à celle des moraines les plus récentes.

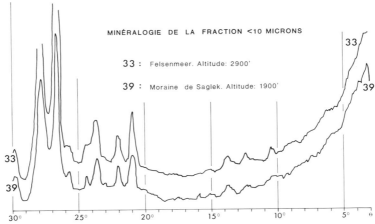

MINÉRALOGIE DE LA FRACTION <10 MICRONS

33 : Felsenmeer. Altitude: 2900'

39 : Moraine de Saglek. Altitude: 1900'

Fig. 5. Dans une même région, la matrice des felsenmeers présente la même minéralogie des fines que la moraine la plus récente, 300 m en contrebas. Dans les deux cas, il s'agit d'une «farine de roche» d'origine glaciaire contenant principalement des poussières de quartz, de micas (illites) et de feldspaths. Les deux faciès résultent d'un till qui aurait pu être mis en place par le même inlandsis (wisconsinien) en deux stades successifs.

fraction inférieure à 10 microns, soit sur les limons fins et les argiles. Les pics ne se déplacent pas lorsqu'on chauffe les échantillons ou qu'on les traite au glycol.

Les diffractogrammes des moraines (éch. 38 et 39, fig. 5 et 6) indiquent les minéraux usuels des dépôts glaciaires: du quartz, différents types de feldspaths, des illites. L'échantillon 38 contient, en outre, de la chlorite, de l'amphibole et des interstratifiés. Tous ces minéraux soulignent l'absence d'une altération chimique notable. Nous sommes en présence d'une «farine» de roche. La chlorite et les interstratifiés de l'échantillon 38 pourraient provenir soit de la pédogenèse holocène, soit des remaniements par l'inlandsis de formations anciennes.

Dans le cas des felsenmeers, les limons fins et argiles ont la même composition minéralogique que la moraine de Saglek; nous sommes ici encore devant une poussière de roche, comprenant surtout du quartz, des feldspaths, des illites. Ni kaolinites, ni montmorillonites n'ont été décelées, ce qui exclut toute hydrolyse prolongée des silicates. La ressemblance entre matrice morainique et matrice de felsenmeer est particulièrement frappante dans le cas des échantillons 39 et 33. Ils ont été prélevés, dans la même unité pétrographique de gneiss à grenat, à moins de 3 km de distance. Comment admettre qu'ils soient, selon la théorie des nunataks, séparés dans le temps de plusieurs centaines de millénaires et, de plus, liés à des genèses différentes? Il est beaucoup plus vraisemblable que felsenmeers et moraine de Saglek proviennent, tous deux, d'un dépôt de l'inlandsis laurentidien.

Cette conclusion n'est pas propre au secteur de Nakvak. Un test dans le nord des Torngats nous a montré le même résultat. La matrice du felsenmeer au sommet du mont Ikordlearsuk a été comparée à celle du till dans la vallée de Shumyuk voisine (fig. 1). Dans les deux cas, les diffractogrammes de la fraction inférieure à 2 microns indiquent à côté des

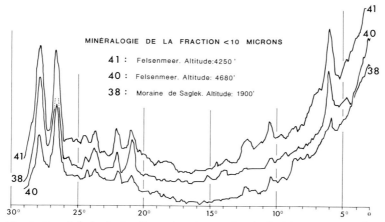

Fig. 6. La minéralogie des fines, dans la moraine de Saglek, peut varier d'un point (éch. 39 de la fig. 5) à l'autre (éch. 38). Dans une même région, la parenté entre matrices de felsenmeer et de moraine est frappante.

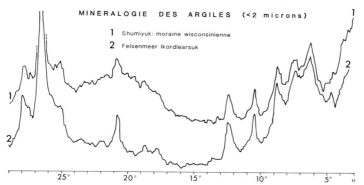

Fig. 7. Nord des Torngats. Les argiles dans le felsenmeer d'Ikordlearsuk sont semblables à celles de la moraine wisconsinienne, au fond de la vallée de Shumyuk voisine.

minéraux usuels – quartz, feldspaths, mica, amphibole – la présence de vermiculite (fig. 7). Celle-ci, au sommet de la montagne, ne signifie pas une altération chimique prolongée du felsenmeer puisqu'elle se retrouve en même abondance relative, dans un till reconnu comme wisconsinien, au fond de la vallée voisine.

– *La morphoscopie des sables confirme l'origine glaciaire initiale des felsenmeers.* Dans les moraines de Saglek, la fraction sableuse comprend plus de 50% de grains monominéraux (photo 14), de nature variée. S'y observent notamment des ronds-mats et des émoussés-luisants, dans la proportion d'environ 1 pour 1000. Leur usure provient d'un

Photo 14. Morphoscopie des sables (1000 microns) d'une moraine wisconsinienne. Les grains sont irréguliers, à la fois poly et monominéraux. Présence d'un micro-erratique rond-mat.

façonnement éolien (ronds-mats) et probablement littoral (émoussés-luisants). Leur présence dans les dépôts glaciaires implique qu'ils ont été remaniés à partir de formations sédimentaires anciennes. Dans les tills de la région de Montréal, par exemple (LAMBERT 1972), ils proviennent de l'érosion des grès cambriens. Même si, dans les moraines de Saglek leur source n'est pas encore connue (Paléozoique de la baie d'Ungava?) ils n'en représentent pas moins des micro-erratiques.

Si, dans les felsenmeers sommitaux, la fraction sableuse provenait d'une désagrégation in situ du substratum ou des blocs, elle se composerait en majorité de polyminéraux: ceux-là mêmes que les blocs sommitaux libèrent en s'arénisant (fig. 3). Or, ce n'est pas le cas. Les sables dans les felsenmeers sont identiques, par leur forme, à ceux de la moraine de Saglek. Ils comprennent une forte majorité de monominéraux; parmi eux s'observent, dans les mêmes proportions que dans les moraines, les micro-erratiques ronds-mats et émoussés-luisants (photo 15).

Bref, dans la vallée de Nakvak, sur le versant-type de la théorie des nunataks, le felsenmeer des sommets est associé à un diamicton. Sa matrice comporte la même texture, la même morphoscopie des sables, la même minéralogie des fines que la moraine de Saglek; comme de plus il contient des blocs erratiques, force est de conclure qu'il représente lui-même, à l'origine, un dépôt glaciaire et non un faciès d'altération in situ des roches du socle.

Un dépôt glaciaire relativement frais. Par sa position géomorphologique, il est nécessairement plus vieux que les moraines de Saglek. Mais rien ne prouve qu'il remonte au Quaternaire ancien ou moyen. Certes, ses blocs cristallins sont, dans l'ensemble, plus fragiles que ceux de la moraine de Saglek; est-ce uniquement à cause d'une durée plus longue de la météorisation? Leur exposition, dans un étage climatique plus agressif explique également la plus grande fréquence des blocs météorisés. Nos observations n'ont

Photo 15. Morphoscopie des sables (600 microns) prélevés dans la matrice d'un felsenmeer sommital à Nakvak (sommet 4680 pieds; éch. 40 des fig. 4 et 6). Présence d'un émoussé-luisant. Les grains, nettement différents de ceux d'une arène (photo 12) sont analogues à ceux des moraines (photo 14) par leur forme et la présence des micro-erratiques.

pas permis d'établir de différence d'*intensité* entre l'altération holocène et la désagrégation dans les felsenmeers sommitaux: dans les deux cas se forment les mêmes arènes (fig. 3).

Quant au diamicton associé au felsenmeer, sa matrice fine est aussi fraîche que celle de la moraine de Saglek. Dès lors, rien n'empêche que les deux tills – celui des sommets transformé en felsenmeer, et celui du fond des vallées – datent tous deux de la même (dernière) glaciation.

4. *Conclusions*

Si PENCK & BRUCKNER (1909) ont pu utiliser avec succès le critère de l'altération dans leur chronologie du Quaternaire alpin, c'est qu'ils respectaient un certain nombre de précautions méthodologiques.

Ils étudiaient les profils d'altération dans des dépôts meubles, principalement des terrasses, soit:

a)   Des faciès comparables par leur lithologie et leur perméabilité globale.
b)   Des matériaux initialement frais: l'altération est nécessairement postérieure à la construction de la forme.
c)   Des topographies planes, sub-horizontales, ce qui limite le décapage superficiel et facilite l'approfondissement au cours du temps des profils d'altération.
d)   Des unités morphochronologiques établies indépendamment des critères d'altération eux-mêmes, par l'emboitement ou l'étagement des ensembles sédimentaires.
e)   Un ensemble de terrains dans un seul étage morphoclimatique.

Dans ce contexte géomorphologique, des degrés à l'intérieur d'un seul type d'altérites ont pu être distingués. Toutes choses étant égales par ailleurs, le degré d'altération est fonction du temps.

Dans le cas des Torngats, aucune de ces précautions n'est respectée. La théorie des nunataks pleistocènes est fondée sur l'altération du socle précambrien, soit:

a) Un ensemble de roches cristallines et métasédimentaires d'une extrême diversité dont la vitesse de météorisation varie d'un point à l'autre, comme le montre le cas de l'altération sélective holocène. Les faciès d'altération et leur profondeur dépendent de la pétrographie et du degré de fracturation de la roche autant que du temps.

b) Des zones d'altération hydrothermales ou climatiques profondes, antérieures aux versants qui les recoupent, peuvent exister dans le socle. On sait, par exemple, qu'un manteau de météorisation aphébien affecte les gneiss sous les formations protérozoïques du Groupe de Ramah (TAYLOR 1979; KNIGHT & MORGAN 1981); il pourrait subsister, à l'état résiduel, ailleurs dans les Torngats. Comment, sur le terrain, distinguer ces très vieux héritages de l'altération exclusivement quaternaire ou d'une combinaison des deux? Dans certaines lames minces de la région de Port-Burwell, la désagrégation holocène semble guidée par un début de météorisation chimique décelable dans les roches cohérentes. Comment dire si elle est pleistocène, tertiaire ou précambrienne?

c) Les «zones d'altération» de la théorie des nunataks sont définies sur des versants, c'est-à-dire des unités géomorphologiques dont les pentes vont du replat à l'escarpement. Pour une même lithologie, il en résulte des conditions d'infiltration de l'eau, donc de météorisation, extrêmement variables. Par ailleurs, dans ces montagnes périglaciaires les pentes même faibles favorisent l'ablation de la couverture meuble. Cette dynamique est peu propice à l'approfondissement continu, voire à la simple conservation, au cours du temps, d'éventuels manteaux d'altération du Quaternaire ancien ou moyen. Le décapage superficiel aura tendance à rajeunir le régolithe d'autant plus que les pentes seront fortes.

d) Les différentes «chronozones» n'appartiennent pas au même étage morphoclimatique. Le felsenmeer, à supposer qu'il fût un manteau de gélivation, se développe au sommet des montagnes, dans un désert périglaciaire; il occupe un milieu plus froid, plus enneigé et plus exposé à la déflation éolienne que les moraines, couvertes de toundra arbustive, du fond des vallées.

Au total, devant une telle multiplicité de facteurs pouvant se combiner dans l'altération du socle, comment isoler le facteur temps et l'utiliser comme critère chronologique? Aussi la théorie des paléonunataks ne distingue-t-elle pas des degrés à l'intérieur d'un même type d'altération. Elle oppose entre eux un ensemble de faciès et de formes hétérogènes dont les vitesses d'évolution respectives ne sont pas connues.

Ceux-ci s'étageraient, dans les Torngats, selon des «chronozones». Les observations de terrain récusent-elles notre critique méthodologique? Non car:

Les tors et les reliefs ruiniformes (tor-like features) qui leur sont associés ne s'observent pas seulement sur les sommets où ils auraient été préservés de l'érosion glaciaire. Ils sont présents jusqu'au niveau de la mer, dans le domaine occupé par l'inlandsis wisconsinien. Au fond de la vallée de Nakvak, leur cadre géomorphologique implique qu'ils aient été recouverts par au moins une langue de glace de 425 m d'épaisseur. Ils ne sont pas des indicateurs de paléonunataks.

La même conclusion vaut pour les formes et les produits de météorisation superficielle du socle. Ils ne remontent pas nécessairement à un interstade ou un interglaciaire. Agissant de manière sélective, la météorisation superficielle affecte les roches les plus sensibles. Au cours de l'Holocène, elle atteint, localement, 20 à 30 cm de profondeur. Pas plus que les tors, ces phénomènes n'appartiennent à un étage en particulier.

Lorsqu'un étagement existe, il ne correspond pas à des chronozones. Le contraste, si frappant dans les Torngats, entre felsenmeers sommitaux et tills des vallées n'a pas de signification chronologique. En effet, le felsenmeer n'est pas un manteau d'altération. Il provient lui-même d'un dépôt glaciaire, généralement réorganisé, en surface, par les processus cryergiques, en géliformes à triage. Antérieur à la moraine de Saglek, il ressemble à celle-ci par la granulométrie de sa matrice, la morphoscopie de ses sables et la minéralogie de sa très faible fraction argileuse.

Nous n'avons pas de critères pour évaluer le temps qui sépare le dépôt du till sommital (transformé en felsenmeer) de l'accumulation du till de Saglek. A en juger par la minéralogie de leurs argiles, il n'est pas exclu que les deux formations appartiennent à la dernière glaciation.

Les considérations qui précèdent ne nous renseignent en rien sur la présence ou l'absence de nunataks au Wisconsinien. Elles nous indiquent, par contre, que dans le cas des Torngats, la théorie en faveur des paléonunataks se fonde sur des bases géomorphologiques contestables. Elles montrent surtout que, contrairement à une pratique répandue, ni les tors, ni les altérations superficielles du socle, ni la répartition des felsenmeers ne constituent des critères fiables pour délimiter l'extension du dernier inlandsis laurentidien.

Remerciements

Les observations de terrain sur la côte sud du détroit d'Hudson et la côte ouest de la Baie d'Ungava ont été faites, au cours des étés 1975, 1976 et 1977, dans le cadre du projet archéologique Tuvaaluk dirigé par P. PLUMET et financé par le Conseil des Arts. Les travaux dans la péninsule de l'Ungava-Labrador menés au cours des étés 1978 à 1982 ont été subventionnés par le CRSNG, le fond FCAC, le Ministère des Affaires Indiennes et du Nord et l'Université de Montréal. J'ai bénéficié, sur le terrain, de l'aide enthousiaste d'une équipe d'étudiants préparant des doctorats et des maîtrises sur l'ensemble de la péninsule (LOUISE SAVOIE), la vallée inférieure du Korok (DIDIER BARRÉ, CAROLLE MATHIEU, DANIÈLE PILON), la vallée de Nakvak (LISE TÉTREAULT), la vallée du lac Adam (CLAUDE LAPIERRE) et la région d'Eclipse-Channel (JANINE SOMMA). Un appui logistique appréciable nous a été accordé par la Garde Côtière du Canada, notamment par son Directeur de la flotte, Monsieur CLARK et les capitaines et pilotes d'hélicoptères des brise-glace JOHN E. MACDONALD et LOUIS ST-LAURENT. IAN A. BROOKES, JAMES T. GRAY et PIERRE RICHARD ont bien voulu relire le manuscrit et en proposer de notables améliorations. Que toutes ces personnes et ces organismes trouvent ici l'expression de ma profonde reconnaissance.

Références

ANDREWS, J. T. (1963): End moraines and late-glacial chronology of the northern Nain-Okak section of the Labrador coast. – Geografiska Annaler, 45, 2–3: 158–171.
–   (1974): Cainozoic glaciations and crustal movements of the Arctic. – In IVES, J. D. & BARRY, R. G. (eds.): Arctic and Alpine Environments. – London, Methuen, p. 277–317.

BLYTT, A. (1881): Die Theorie der wechselnden kontinentalen und insularen Klimate. – Englers Bot. J., **2**: 1–50.

– (1893): Zur Geschichte der nordeuropäischen Flora. – Englers Bot. J., **17**, Beiblatt 41: 1–30.

BOILY, M. (1980): Rapport sur l'étude minéralogique de produits d'altération holocène de la péninsule de l'Ungava-Labrador. – Univ. de Montréal, 45 p. inédit.

BOYER, S. J. & D. R. PHEASANT (1974): Delimitation of weathering zones in the fiord area of eastern Baffin Island, Canada. – Geol. Soc. Amer. Bull., **85**: 805–810.

CAILLEUX, A. (1967): Actions du vent et du froid entre le Yukon et Anchorage, Alaska. – Geografiska Annaler, **49**, ser. A, 2–4: 145–154.

DAHL, E. (1946): On different types of unglaciated areas during the ice ages and their significance to phytogeography. – The New Phytologist, **45**: 225–242.

– (1947): Norsk Geologisk Forening. – Norsk Geol. tidsskrift, **26**: 233–235.

– (1954): Weathered Gneisses at the Island of Runde, Sunnmøre, Western Norway, and their Geological Interpretation. – Nytt Mag. for Botanikk, **3**: 5–23.

– (1955): Biogeographic and geologic indications of unglaciated areas in Scandinavia during the glacial ages. – Geol. Soc. Amer. Bull., **6**: 1499–1520.

DEEVEY, E. S. (1949): Biogeography of the Pleistocene. – Bull. Geol. Soc. Amer., **60**: 1315–1416.

EMSLIE, R. F. (1980): Geology and petrology of the Harp Lake Complex, central Labrador: an example of Elsonian Magmatism. – Geol. Survey Can. Bull., **293**, 136 p.

ENGLAND, J. (1976): Late Quaternary glaciation of the eastern Queen Elizabeth Islands, NWT, Canada: alternative models. – Quat. Res., **6**, 1: 185–202.

ENGLAND, J., R. S. BRADLEY, & R. STUCKENRATH (1981): Multiple glaciations and marine transgressions, western Kennedy Channel, Northwest Territories, Canada. – Boreas, **10**: 71–89.

FALCONER, G., J. D. IVES, O. H. LOKEN & J. T. ANDREWS (1965): Major end moraines in eastern and central Arctic Canada. – Geogr. Bull., **7**, 2: 137–153.

FERNALD, M. L. (1925): Persistence of plants in unglaciated areas of boreal North America. – Amer. Acad. Sci. Mem., **15**, 3: 237–242.

GANGLOFF, P. (1979): Géomorphologie du site archéologique de Nunainguq, Nouveau-Québec. – Ministère des Affaires culturelles du Québec, 22 p., inédit.

GANGLOFF, P., J. GRAY & C. HILLAIRE-MARCEL (1976): Reconnaissance géomorphologique de l'ouest de la baie d'Ungava, Nouveau-Québec. – Rev. Géogr. Montr., **30**, 4: 339–348.

GODARD, A. (1979): Reconnaissance de l'extrémité nord du Labrador et du Nouveau-Québec, contribution à l'étude géomorphologique des socles des milieux froids. – Rev. Géomorph. Dynamique, **28**, 4: 125–142.

GRANT, D. R. (1977): Glacial style and ice limits, the Quaternary stratigraphic record, and changes of land and ocean level in the Atlantic Provinces, Canada. – Géogr. physique et Quaternaire, **3–4**: 247–260.

HILLAIRE-MARCEL, C. (1979): Les mers post-glaciaires du Québec: quelques aspects; thèse, univ. Pierre et Marie Curie, **1**, 293 p.

IVES, J. D. (1957): Glaciation of the Torngat Mountains, northern Labrador. – Arctic, **10**, 2: 66–87.

– (1958a): Glacial geomorphology of the Torngat Mountains, northern Labrador. – Geogr. Bull., **12**: 47–75.

– (1960): The deglaciation of Labrador-Ungava: An outline. – Cah. Géogr. Qué., **4**, 8: 323–343.

– (1974): Biological refugia and the nunatak hypothesis. In IVES, J. D. & BARRY, R. G. (eds.): Arctic and Alpine Environments. – London, Methuen, p. 605–636.

– (1976): The Saglek moraines of northern Labrador: a commentary. – Arctic and Alpine Research, **8**, 4: 403–408.

– (1978): The maximum extent of the Laurentide Ice Sheet along the east coast of North America during the last glaciation. – Arctic, **31**, 1: 24–53.

IVES, J. D. & J. T. BUCKLEY (1969): Glacial geomorphology of Remote Peninsula, Baffin Island, N.W.T., Canada. – Arctic and Alpine Research, **1**, 2: 83–95.

KNIGHT, I. & W. C. MORGAN (1981): The Aphebian Ramah Group, northern Labrador. – In: CAMPBELL, F. H. A. (ed.): Proterozoic Basins of Canada. – Geol. Surv. Paper 81–10, 444 p.

LAMBERT, P. (1972): Morphoscopie des sables quartzeux des environs d'Oka, Québec. – Rev. Géogr. Montr., no. 2: 165–175.

LINDROTH, C. H. (1963): The fauna history of Newfoundland illustrated by Carabid beetles. – Opusculana Entom; Suppl. 23, 112 p.

LØKEN, O. H. (1962): On the vertical extent of glaciation in northeastern Labrador-Ungava. – Canadian Geographer, 6, 3–4: 106–119.

MARIE-VICTORIN, Fr. (1938): Phytogeographical problems of eastern Canada. – Am. Midland Nat., 19: 481–458.

PENCK, A. & E. BRÜCKNER (1909): Die Alpen im Eiszeitalter. – Tauchnitz, 1199 p.

PHEASANT, D. B. & J. T. ANDREWS (1973): Wisconsin glacial chronology and relative sea level movements, Napaing Fiord, Broughton Island area, eastern Baffin Island, N.W.T. – Can. Journ. Earth Sci., 10, 11: 1621–1641.

ROUSSEAU, J. (1948): The vegetation and life zones of George river, eastern Ungava, and welfare of the Natives. – Arctic, 1: 93–96.

SERNANDER, R. (1896): Nagra ord med anledning av Gunnar Andersson: svenska Växtvärldens historia. – Bot. Notiser, p. 114.

SUGDEN, D. E. & S. H. WATTS (1977): Tors, felsenmeer, and glaciation in northern Cumberland Peninsula, Baffin Island. – Can. Journ. Earth Sci., 14: 2817–2823.

TAYLOR, F. C. (1979): Reconnaissance geology of a part of the precambrian Shield, Northeastern Québec, Northern Labrador and Northwest Territories. – Geol. Survey of Canada, Memoir 393.

TANNER, C. (1944): Outlines of the geography, life and customs of Newfoundland-Labrador. – Acta Geographica, 8, 1: 1–906.

TOMLINSON, R. F. (1963): Pleistocene evidence related to glacial theory in northeastern Labrador. – Can. Geographer, 7, 2: 83–90.

UMPLEBY, D. C. (1979): Geology of the Labrador shelf. – Geol. Survey Can., paper 79–13, 34 p.

Adresse de l'auteur: PIERRE GANGLOFF, département de géographie, Université de Montréal, Case postale 6128, Succurale «A», Montréal, P.Q. H3C 3J7, Canada